普通高等教育"十三五"规划教材
新能源科学与工程专业系列教材

光伏电源设计与创新

李天福　张慧国
钱　斌　马玉龙　编著

科学出版社
北　京

内 容 简 介

本书以光伏电源能量变换设计与创新实践为主要内容，包括稳压电源和逆变电源基础、光伏变流与控制、光伏发电系统与应用三部分，给出了题目、基本原理、关键设计、设计注意事项和练习内容。本书共5章，第1章介绍电力电子基础知识，第2章介绍开发工具和测试仪器仪表，第3章为稳压电源和逆变电源的基础性设计题目，第4章为光伏特性、储电、光伏能量控制和变换技术相关的设计题目，第5章为光伏发电系统以及光伏发电应用的设计题目。

本书可作为新能源科学与工程专业学生"新能源发电与控制"的课程设计、创新训练的实践指导书，也可作为电子设计爱好者、从事光伏研究的工程技术人员实践入门的参考书。

图书在版编目（CIP）数据

光伏电源设计与创新 / 李天福等编著. —北京：科学出版社，2019.5
普通高等教育"十三五"规划教材·新能源科学与工程专业系列教材
ISBN 978-7-03-061023-2

Ⅰ.①光⋯ Ⅱ.①李⋯ Ⅲ.①太阳能光伏发电-高等学校-教材
Ⅳ.①TM615

中国版本图书馆 CIP 数据核字（2019）第 069043 号

责任编辑：余 江 张丽花 高慧元/责任校对：郭瑞芝
责任印制：张 伟/封面设计：迷底书装

科 学 出 版 社 出版
北京东黄城根北街 16 号
邮政编码：100717
http://www.sciencep.com
北京盛通商印快线网络科技有限公司 印刷
科学出版社发行 各地新华书店经销
*
2019 年 5 月第 一 版 开本：B5(720×1000)
2021 年 12 月第三次印刷 印张：10
字数：200 000

定价：49.00 元
（如有印装质量问题，我社负责调换）

前　言

　　"新能源发电与控制"的理论学习和实践训练密不可分，这也是新能源科学与工程专业课程的特点之一。从常熟理工学院前几年"新能源发电与控制"理论课和实践课的教学情况来看，从理论学习、实验实训、模仿改造到设计开发，学生的实际操作和创新能力逐步提升，这是一条适合学生能力培养的良好路径。但从实践过程中发现，有诸多不利因素，如涉及电路原理、电力电子技术、光伏电池组件等专业基础课知识较多，实验设备、器材条件及实践和实训时间的制约等，使学生的实践能力培养效果不理想。随着高校新工科教育实践和工程教育认证的要求不断提高，教学目标从解决技术问题逐步要求考虑解决产品问题，而产品问题涉及因素更多，如可靠性、测试安装维护、成本和环境影响等，需要学生拥有多方面的知识和能力。因此，需要编写相关光伏电源设计的指导书，本书就是在此背景下尝试编写的。

　　本书是在前期的课程实验实训的基础上，结合新能源科学与工程专业特点编写完成，包括电源设计培训、发电与控制课程设计和毕业设计的题目。全书共5章：第1章为电力电子基础知识，主要介绍稳压电路和逆变电路的工作原理、分类、测试指标；第2章为开发与测试工具，主要介绍测试仪器仪表，以及仿真软件、电子电路的计算机辅助设计软件、单片机系统开发软件的流程；第3章为稳压电源和逆变电源基础，主要集中了一些通用电源基础题目，包括基本的降压、升压、逆变、信号控制电路等；第4章为光伏变流与控制，主要是光伏特性、储电、光伏能量控制和变换技术相关的设计题目；第5章为光伏发电系统与应用，主要是光伏发电系统设计和光伏电能作为电源的一些应用系统设计题目。

　　虽然题目的分类、内容和要求比较粗略，但编者给出多种设计方案，且尽量使用学生已学课程知识和常用元器件。设计方案为该题目的总体设计或关键设计内容，需要学生进一步完善元器件的选型设计、软硬件详细设计、原理图和印刷电路板图的绘制等。除了题目的基本原理和关键设计外，本书还介绍了一些设计的注意事项，提供了一些练习和发挥题目，提出了该题目用相似器件替代、相关功能电路替代的设计要求，以及需要改进的问题等，有利于学生扩展类似的设计。通过示例方案、练习与发挥题目，希望能起到抛砖引玉的作用，使读者缩小资料查找范围，达到快速引导的目的。读者可以通过对比各方案的特点、完善细节、改进设计、发挥想象力，实现创新设计。

在章节内容安排上,力求理论知识简洁,设计知识实用,重点突出;在层次安排上,由简入繁,难度逐步深化,要求逐渐提高。光伏电源设计涉及电子技术、单片机技术、光伏发电与控制等多门课程,具有课程交叉的特点,须综合考虑多方面要求。本书对这些课程的基础理论知识不作阐述,仅讲述电源的基本理论知识和开发测试工具。设计题目要求适当简化,这样可能会使题目指标不严格、设计不完整,但不影响主要设计目标。

本书第 1 章、第 2 章由常熟理工学院的张慧国、钱斌、马玉龙编写,其余章节由李天福编写,江学范教授负责审稿。多届新能源科学与工程专业的学生叶建民、徐潇宇、李双双、梁熙、廖佳明、闻来仪、王韫清、侍玉超等对本书的内容提出了修改意见,湖北众友科技实业股份有限公司的技术人员提供了 4.3 节、4.4节的相关资料。

在本书的编写过程中,参阅了一些文献和网络资料,在此对这些文献资料的作者表示衷心的感谢。常熟理工学院的领导和教师对本书的写作提供了帮助,科学出版社的编辑对本书的出版做了大量的工作,编者的家人提供了大量的无私帮助,在此一并表示感谢。

限于编者水平,疏漏之处在所难免,恳请读者不吝指正。

编　者

2018 年 11 月

目　　录

第1章 电力电子基础知识

1.1 直流稳压电路

稳定的直流电在电子系统和控制系统中使用非常广泛，而从光伏输出或交流电输出变为稳定的直流电，需要中间的能量转换环节，这就是能量变换电路(变流电路)，这种能量变换电路也称稳压电路。稳压直流电能的获得过程：如果输入是交流电，先把交流电用整流电路变成波动的直流电，此时与光伏的电压特性一致，将整流电压或光伏电压通过稳压电路转变为合适的电压，最后用滤波电路滤除脉动直流电中的波动成分，输出稳定直流电。

整流电路，通常由二极管整流电路完成。滤波电路，通常由电容滤波、电感滤波、LC 滤波、RC 滤波电路完成。

1.1.1 稳压电路

稳压电路成为电能变换电路的关键环节，根据工作原理不同分类，可以分为并联型稳压电路、串联型稳压电路、开关型稳压电路三类。

1) 并联型稳压电路

用一个稳压器件和限流电阻串联，则稳压器件两端产生稳定的直流电压，形成最简单的稳压电路，如图 1-1 所示[①]。图中 R 为限流电阻，电路的输出电压 Uo 等

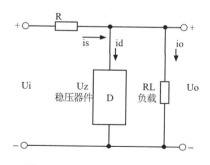

图 1-1　并联型稳压电路原理图

---

① 本书图中器件标注使用正体，公式中变量使用斜体。

于稳压器件的稳定电压值 Uz。这个电路的输出电流很小，输出电流的大小主要由稳压器件 D 的电流吞吐能力决定，$i_o = i_s - i_d$。这类稳压器件有：稳压二极管、LM136/236/336、LM385、AD589 等。

2) 串联型稳压电路

串联型稳压电路原理图如图 1-2 所示，电路有负反馈作用。

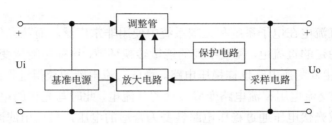

图 1-2　串联型稳压电路原理图

调整管：调整输入和输出之间的电压，要求较小的输入电流可以控制输出较大的电流，调整管的输入电阻要大。

放大电路：信号放大作用，电路常用放大管共射连接，要求有较高的电压放大倍数。

基准电源：提供基准电压，基准电源要具有低噪声、低温漂的特点。

采样电路：对输出电压进行采样，采样电路通常由分压电阻组成。

串联型稳压电路的基本工作原理：从采样电路中检测出输出电压的变动，与基准电压比较，经放大电路放大后加到调整管上，使调整管两端的电压随着变化。如果输出电压下降，就使调整管管压降也降低，于是输出电压被提升；如果输出电压上升，就使调整管管压降也上升，于是输出电压被压低，结果就使输出电压基本不变。

在这个电路的基础上增加一些辅助器件或电路可以发展出很多变形电路，例如，用复合管作为调整管增大输出电流，用电位器作为采样电阻使输出电压可调，用运算放大器作为比较放大电路、增加辅助电源和过流保护电路等。

3) 开关型稳压电路

开关型稳压电路的原理图如图 1-3 所示。它的基本工作原理：从采样电路中检测出采样电压经比较放大后去控制一个开关调整管（或称开关管）实现电压调节。

Ui 是有波动的直流输入电源，当输出电压 Uo 发生变化时，采样电路将输出电压变化量的一部分送到比较放大电路，与基准电压进行比较并将二者的差值放大后送至脉宽调制电路，使脉冲波形的占空比发生变化。此脉冲信号作为开关管的输入信号，使开关管导通和截止时间的比例也发生变化，从而使滤波后输出电压的平均值基本保持不变。

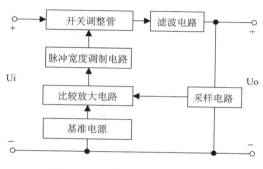

图 1-3　开关型稳压电路原理图

　　如果是交流输入，需要将交流电压经整流电路及滤波电路整流滤波后，变成含有一定脉动成分的直流电压，经开关型稳压电路，最后再通过滤波电路变为所需要的直流电压。

　　开关型稳压电源，其调整管工作在开关状态，本身功耗很小，所以有效率高、体积小等优点，但电路比较复杂。

　　脉冲宽度调制（Pulse Width Modulation，PWM）电路用来调节开关管的开关时间比例，达到稳定输出电压目的，是开关型稳压电路的核心。如果将采样电路、比较放大电路、振荡器、脉宽调制及基准电源等电路，甚至开关管集成一体，可以制成各种开关型集成稳压电路。

　　开关型集成稳压电路，已有大量产品问世，品种很多，结构也各不相同。这种电路外围元件少，稳压精度高，工作可靠，一般不需要调试，易于实现由集成化稳压电路构成的稳压模块。与开关型集成稳压电路类似，同样可以制作串联型稳压电路。

1.1.2　常见开关型稳压电路

　　开关型稳压电路的结构有多种不同的形式，按照输入和输出之间是否使用隔离变压器，分为隔离开关型稳压电路和无隔离开关型稳压电路。

　　无隔离开关型稳压电路按照输出电压不同又分为降压型、升压型、升降压型。隔离开关型稳压电路又可分为单端正激型、单端反激型、半桥型、全桥型、推挽型电路 5 种。

稳压电路通常用脉冲宽度调制信号控制，用 D 表示 PWM 信号的占空比。

1）无隔离降压型

无隔离降压型开关电源电路(或称降压斩波器，Buck 电路)，其主电路原理图如图 1-4 所示。

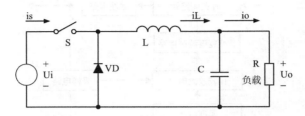

图 1-4　无隔离降压型开关电源主电路原理图

当开关管 S 导通时，二极管 VD 截止，输入的整流电压经 S 和 L 向 C 充电，这一电流使电感 L 中的储能增加。当开关管 S 截止时，电感 L 感应出左边负右边正的电压，经负载 R 和续流二极管 VD 释放电感 L 中存储的能量，维持输出直流电压不变。输出直流电压由加在 S 上的脉冲宽度确定。这种主电路使用元件少，只需要开关管、电感、电容和二极管即可实现，但是输入电源 Ui 的电流是脉动的。

输出电压因为占空比的作用不会超过输入电压，而且二者极性相同，关系为

$$U_{o} = D \cdot U_{i} \tag{1-1}$$

2）无隔离升压型

无隔离升压型开关电源电路(或称升压斩波器，Boost 电路)，其主电路原理图如图 1-5 所示。

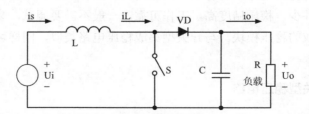

图 1-5　无隔离升压型开关电源主电路原理图

当开关管 S 导通时，电源对电感 L 充电，电感 L 储存能量。当开关管 S 截止时，电感 L 感应出左边负右边正的电压 U_{L}，该电压叠加在输入电压上，输出电压将是输入电压 $U_{i} + U_{L}$，使输出电压大于输入电压，经二极管 VD 向负载供电，

因而有升压作用。

　　输入和输出的电压极性相同，二者关系为

$$U_o = \frac{1}{1-D} U_i \qquad\qquad (1\text{-}2)$$

3）无隔离升降压型

　　无隔离升降压型开关电源的典型电路原理图如图 1-6 所示，图 1-6（a）电路又称为 Buck-Boost 电路，图 1-6（b）电路又称为 Cuk 电路。

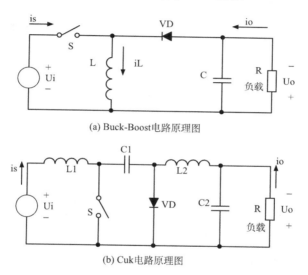

(a) Buck-Boost电路原理图

(b) Cuk电路原理图

图 1-6　无隔离升降压型开关电源典型电路原理图

　　在图 1-6（a）中，无论开关管 S 之前的脉动直流电压高于还是低于输出端的稳定电压，电路均能正常工作。当开关管 S 导通时，电感 L 储存能量，二极管 VD 截止，负载 R 靠电容 C 上次的充电电荷供电。当开关管 S 截止时，电感 L 中的电流继续流通，并感应出上负下正的电压，经二极管 VD 向负载供电，同时给电容 C 充电。注意，负载电压的极性和输入电源的电压极性相反。

　　在图 1-6（b）中，当开关 S 闭合时，电源 Ui 对 L1 充电。当 S 断开时，电压 Ui 叠加 L1 上的感应电压 UL 通过二极管 VD 对 C1 进行充电。再当 S 闭合时，二极管 VD 关断，C1 通过 L2、C2 滤波对负载放电，L1 继续充电。C1 用于传递能量，而且输出极性和输入相反。此电路中，电源 Ui 的电流输出是连续的。

　　无隔离升降压型开关电源电路的输入电压和输出电压关系为

$$U_{o} = \frac{D}{1-D}U_{i} \tag{1-3}$$

4) 单端反激型

单端反激型开关电源的主电路如图 1-7 所示，这是一种低成本、目前广泛使

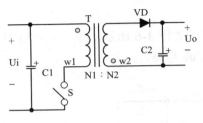

图 1-7　单端反激型开关电源主电路原理图

用的基本电源。因为隔离型开关电路的变压器工作在高频状态，所以该变压器也称为高频变压器。单端是指高频变压器的初级线圈仅控制一端。反激是指当开关管 S 导通时，高频变压器 T 的初级绕组感应电压为上正下负，二极管 VD 处于截止状态，在初级绕组中储存能量。当开关管 S 截止时，变压器 T 的初级绕组所存储的能量，通过次级绕组及二极管 VD 整流和电容 C2 滤波后向负载输出。

单端反激型开关电源主电路中，由于负载位于变压器的次级且工作在反激状态，所以具有输入和输出相互隔离的优点。这种电路用变压器传递能量，适用于小功率电源，输出功率多小于 100W，工作频率在 20k～200kHz。单端反激型开关电源可以同时输出多个不同的电压，且有较好的电压调整率。缺点是输出的纹波电压较大，外特性差，适用于相对固定的负载。另外，单端反激型开关电源使用的开关管 S 承受的最大反向电压是电路工作电压的两倍。

在图 1-7 中，开关管 S 的控制信号是由单独的信号发生电路产生，如果简化电路，去掉单独的信号发生电路，使开关管起开关及振荡的双重作用，构成的是自激式开关电源，电路原理图如图 1-8 所示。其特点是电路简单、成本低，但是工作频率范围有限，纹波电压大。

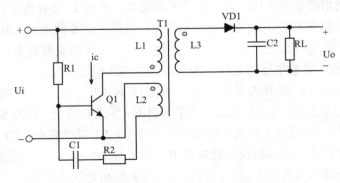

图 1-8　自激式开关电源主电路原理图

自激式开关电源的工作原理分析如下。

当接入电源 Ui 后，经 R1 给开关管 Q1 基极提供启动电流，使 Q1 开始导通，Q1 集电极电流 ic 在 L1 中线性增长，在 L2 中感应出使 Q1 基极为正、发射极为负的正反馈电压，使 Q1 很快饱和。与此同时，感应电压给 C1 充电，随着 C1 充电电压增高，Q1 基极电位逐渐变低，使 Q1 退出饱和区，ic 开始减小，在 L2 中感应出使 Q1 基极为负、发射极为正的电压，使 Q1 迅速截止，这时二极管 VD1 导通，高频变压器 T1 初级绕组中的储能释放给负载。在 Q1 截止时，L2 中没有感应电压，直流供电输入电压又经 R1 给 C1 反向充电，逐渐提高 Q1 基极电位，使其重新导通，再次翻转达到饱和状态，电路就这样重复振荡下去，一直由变压器 T1 的次级绕组向负载输出所需要的电压。

5）单端正激型

单端正激型开关电源的主电路如图 1-9 所示。这种电路在形式上与单端反激电路相似，但工作情形不同。当开关管 S 导通时，VD1 也导通，这时电源 Ui 向负载传送能量，滤波电感 L 储存能量；当开关管 S 截止时，电感 L 通过续流二极管 VD2 继续向负载释放能量。在电路中线圈 N3 与二极管 VD3 构成复位电路，该电路将开关管 S 的最高电压限制在两倍电源电压之间。为满足磁芯的复位条件，即磁通建立和复位时间应相等，开关 S 控制脉冲的占空比不能大于 50%。

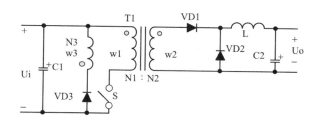

图 1-9　单端正激型开关电源主电路原理图

主电路在开关管 S 导通时，通过变压器向负载传送能量，所以输出功率范围大，可输出 200W 甚至更大的功率。这种电路的缺点是变压器体积较大、多了磁芯复位电路，使其实际应用受到限制。

6）推挽型

推挽型开关电源的典型电路原理如图 1-10 所示，高频变压器的初级线圈两头都受控，属于双端控制变换电路。电路使用两个开关管 S1 和 S2，两个开关管在外激励方波信号的控制下交替导通和截止，由变压器 T 的次级绕组得到方波电压，

经整流二极管 VD1 和 VD2 全波整流、L 和 C2 滤波变为所需要的直流电压。这个
电路的能量传送与降压型电路传送方式相同，当一个开关导通时能量从输入端传
到输出端，当两个开关断开时输入的能量无法传送到输出端。

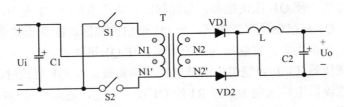

图 1-10　推挽型开关电源主电路原理图

这种电路的优点是两个开关管 S1 和 S2 容易驱动，主要缺点是开关管的耐压
要达到两倍电路峰值电压。电路的输出功率较大，一般在 100～5000W 范围内。

7) 半桥型

图 1-11 为半桥型开关电源主电路原理图。当 S1 和 S2 轮流导通时，在变压器
T 的初级，电源通过 C1 和 C2 给初级线圈供电。如果 S1 通 S2 断，则 C1 直接并
到变压器 T 初级线圈两端，线圈通过的电流从上向下流；如果 S2 通 S1 断，则
C2 直接并到变压器 T 初级线圈两端，C2 是反向并联到初级线圈两端的（与 C1 并
到初级线圈相比，电压极性相反），线圈通过的电流从下往上流。重复以上过程，在
变压器 T 的初级线圈回路中产生交变电流，从而在变压器 T 的次级感应出交变的脉
动电压，经过全波整流转换为直流电，再经 L、C3 滤波，送出直流电能给负载。

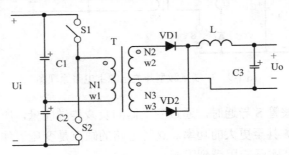

图 1-11　半桥型开关电源主电路原理图

8) 全桥型

图 1-12 是全桥型开关电源主电路原理图，这个电路的能量传输方式相当于降
压型电路。

在变压器 T1 的初级侧，输入电源 Ui 是直流电源。若 S1、S4 导通则 S2、S3 截止，电源 Ui 将通过 S1、T1、S4 器件构成电流回路；当 S2、S3 导通则 S1、S4 截止，电源 Ui 将通过 S2、T1、S3 构成电流回路。两条电流回路的电流流经变压器 T1 初级时方向相反，即交流电流流过变压器 T1 的初级，变压器 T1 流过交流电可以避免 T1 磁化，在变压器 T1 的次级感应出交变的脉动电压，经过 VD1～VD4 构成的桥式整流器转换为直流电，再经 L、C2 滤波，将直流电能传送至负载。

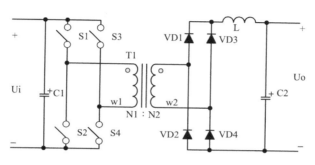

图 1-12　全桥型开关电源主电路原理图

1.2　逆　变　电　源

1.2.1　逆变电源分类

逆变电源(逆变器)可以有多种分类办法，常用的一些方法是按照是否连接电网、按主电路结构、输出电压的波形、输出电源相数不同划分。

按输出能量是否连接电网分为有源逆变器(并网逆变器)、无源逆变器(离网逆变器)。按主电路结构不同分为推挽型、半桥型和全桥型逆变器。按输出电压的波形不同分为方波逆变器、阶梯波逆变器和正弦波逆变器。按输出交流电的相数不同分为单相逆变器、三相逆变器和多相逆变器。

还有其他划分办法。按输入电源性质划分为电压源型、电流源型逆变器。按输出交流电的频率分为工频、中频和高频逆变器。按隔离方式不同分带工频隔离、带高频隔离、不带隔离变压器逆变器。按输出功率不同分为小功率(<5kW)、中功率(5k～50kW)、大功率逆变器(>50kW)。由于受到功率开关器件的容量、零线(中性线)电流、电网负载平衡要求和用电负载性质等的限制，单相逆变器电路容量一般都在 100kV·A 以下，大容量的逆变电路大多采用三相形式。

对太阳能光伏发电系统来说，在并网光伏发电系统中必须用并网逆变器(有源逆变器)，而在离网型光伏发电系统中使用离网逆变器(无源逆变器)。单相逆变器多用于小功率光伏系统，三相逆变器多用于容量较大的光伏发电系统。单相逆变器逆变原理和控制过程与三相逆变器基本类似。

1.2.2　逆变电路的构成

逆变电路可以划分成输入电路、输出电路、控制电路、辅助电路和主逆变电路五个部分，如图 1-13 所示。

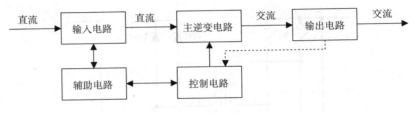

图 1-13　逆变电路的结构

主逆变电路是逆变电路的核心，主要作用是通过半导体开关器件的导通和关断完成逆变的功能。

控制电路的主要作用是产生主逆变电路需要的一系列的控制脉冲来实现开关器件的导通与关断，配合主逆变电路完成逆变功能。

输入/输出电路起隔离、滤波、补偿、匹配等作用。

辅助电路，包括辅助电源电路、检测电路、保护电路、指示电路等。

1.2.3　逆变电路的控制

逆变电路有两种基本控制策略：脉冲频率控制和脉冲宽度调制控制。脉冲频率控制具有实现简单、开关损耗小的优点，缺点是不能消除低频谐波并且不能调节输出电压(电压源型电路)。脉冲宽度调制控制时逆变电路的特点是逆变电路输出电压可调，可消除低频谐波的影响。PWM 现已在电源控制的斩波、逆变、整流、变频等变流电路中得到广泛的应用。

用脉冲宽度按照正弦规律变化的 PWM 波形即正弦波 PWM(SPWM)波形，控制逆变电路中开关器件的通断，使其输出脉冲电压的面积与所希望输出的正弦波在相应区间内的面积相等，通过改变调制波的频率和幅值则可以调节逆变电路输出电压的频率和幅值。SPWM 法是目前使用广泛的一种 PWM 控制方法。

1.3　电源主要要求

电源除电压、功率、转换效率、输出电能质量等基本特性要求外，还有电源电气保护功能、控制的要求。另外，电源电路的设计要易于使电源通用化和模块化，要从产品结构形式、测试、安装、美观等方面考虑。

1) 基本功能特性指标

电源基本功能特性指标有输出电压、电流、额定功率、功耗和效率、调整率等。

用 P_i、P_o、P 分别表示电源输入、输出功率和电源自身功率损耗。功率 P_o 是输出电压 U_o 和输出电流 I_o 的乘积，即 $P_o = U_o I_o$，则电源自身功率损耗 $P = P_i - P_o$。

在输出功率一定的条件下，电源自身功率损耗 P 越小，则效率越高，温升越低，寿命越长。除了满载正常损耗，还有两个损耗值得注意，空载损耗和短路损耗(输出短路时模块电源损耗)，这两个损耗越小，表明电源效率越高。

电源的效率为

$$\eta = \frac{P_o}{P_i} \tag{1-4}$$

测试效率曲线时，输入电压为正常输入电压范围，用负载仪模拟带载测试，同时测试输出纹波；逐渐提高负载电流，若输出电压出现较大幅度下降，则此时的负载为最大负载。

2) 电气保护功能

电气保护功能应包括以下：输入过压保护、欠压保护、软启动；输出过压、过流、短路保护；电源电路内部的过流过压、电磁保护措施；大功率电源产品还应有过热保护等功能。电气保护功能，在外部出现故障时，电源能够自动进入保护状态而不至于永久失效；在外部故障消失后应能自动恢复正常，延长了电源寿命，提高了系统可靠性。

(1) 过压欠压保护。可以设为自动恢复，也可以设为不恢复。测试时将输入电压调高、调低，在规定时间内判断保护电路动作。

(2) 过流短路保护。过流和短路保护所要求的时间不同。故障消失后，可以设为自动恢复或不恢复，可以通过不同的元器件实现。如果使用熔断器，则发生短路保护，熔丝烧断，即使短路现象消失，电路也不能自动恢复。如果使用自恢复保险丝，电路保护后，当故障现象消失时，保险丝恢复连通，电路能继续工作。

(3) 过热保护。电路具有在一定温度范围内正常工作的能力。当温度超过温度范围，待温度降低后电路能自动恢复工作。对于温度范围，一般电子元器件有商品级、工业级、军用级等，在设计电源时一定要考虑实际需要的工作温度范围，因为温度等级不同、材料和制造工艺不同价格相差很大。选择宽温度范围的电子元器件，价格较高；选择一般温度范围产品，价格低。

(4) 电磁保护：为了防止外界和内部的干扰，电路要具有一定的抗干扰能力，而且隔离电压达到一定要求。主要的隔离电压有输入对输出、输入对地(机壳)、输出对地(机壳)、输出之间的电压。对于低压电源，隔离电压要求不高，但是高的隔离电压可以保证电源具有更小的漏电流、更高的安全性和可靠性，并且EMC特性也更好。

因为光伏阵列的输出电压范围大，所以电源电路需要具有输入大范围直流电压的能力，电路要具有较高的可靠性，具有合理的电路结构。对于逆变器电路，还要有交流输出过频/欠频保护功能，要防止交流电相序或直流电的电压极性出现错误。

3) 控制的要求

输入电源的电压范围、交流电的频率、反馈电压大小、控制信号的工作频率和电压范围、响应时间参数等都有相应的要求。

一般而言，控制信号的工作频率越高，输出纹波噪声就越小，电源动态响应也越好，但是对元器件特别是磁性材料的要求也越高，成本也越高。

4) 产品结构形式的要求

电源产品结构形式多种多样，通常要求如下。

(1) 一定功率条件下体积要尽量小。

(2) 尽量选择符合国际标准封装的产品，如接口、引脚，获得较好的兼容性。

(3) 应具有可扩展性，便于系统扩容和升级。

(4) 封装要求模块化，易于互换、易于操作维护。

(5) 主要参数一致、最大负载电流一致、响应时间一致等。

5) 直流稳压电源的直流性能

直流稳压电源的直流性能指标有输入电压范围、输入功率、输出最高电压、输出功率范围、自身功率损耗、电能质量等。电能质量指标有输入电压调整率、输出电流调整率、输出纹波、输出电压精度、稳定性等。

(1) 输入电压调整率。

将负载电流设为定值，输出电压设定为额定值，当两次不同的输入电压为 U_1 和 U_2 时，对应的输出电压为 U_{o1} 和 U_{o2}，$\Delta U_o = |U_{o1} - U_{o2}|$，则电压调整率为

$$S_u = \frac{\Delta U_o}{U_o} \times 100\% \qquad (1\text{-}5)$$

（2）输出电流调整率。

将输入电压设为定值，改变负载大小，两次不同的负载对应的输出电压为 U_{o1} 和 U_{o2}，负载电流变化对应的输出电压的变化为 $\Delta U_o' = |U_{o1} - U_{o2}|$，得电流调整率为

$$S_i = \frac{\Delta U_o'}{U_o} \times 100\% \qquad (1\text{-}6)$$

（3）稳定性。

输入电压在最低输入电压至最高输入电压间频繁转换时，输出电压的变化情况为电源的稳定性。

6）逆变器电源的交流性能要求

逆变器最大输入电流或功率要求不超过额定输入的 110%，逆变器输出电流或输出功率的偏差应在标称的额定输出的+10%以内。转换效率是在规定的测试周期内，逆变器交流端口输出的电能与在直流端口输入的电能的比值。带隔离变压器型逆变器的转换效率最大值应不低于 94%。一般中小功率逆变器满载时的总效率要求达到 85%～90%，大功率逆变器满载时的总效率要求达到 90%～95%。

离网逆变器是方波输出逆变器时，要尽量降低谐波分量。并网逆变器的输出要符合电网电能质量的要求，光伏逆变器应与电网同步运行，输出频率偏差不应超过±0.5Hz，输出电压变化不应超过额定值的±10%，注入电网的电流的谐波总畸变率限值为 5%。集中型逆变器应具备电压/无功调节功能，应满足额定有功出力下功率因数在超前 0.95～滞后 0.95 的范围内动态可调。

并网逆变器具有低电压穿越的能力和防止孤岛效应发生的能力。

1.4　太阳电池及其发电系统

当物体受到光照时，物体内的电荷分布状态发生变化而产生电动势和电流，这种现象称为光伏效应。

太阳电池是一种利用光伏效应把光能转换为电能的器件，当太阳光照射到半导体 PN 结时，就会在 PN 结两边产生电压，带负载形成回路便会产生电流。这个电流随着光强度的加大而增大，当接收的光强度达到一定数值时，就可以将太阳电池看成恒流电源。

太阳电池有单晶硅、多晶硅、非晶硅几种，目前单晶硅、多晶硅太阳电池

转换效率高于非晶硅太阳电池，商业和工程中以单晶硅和多晶硅太阳电池的使用为主。

太阳电池的输出特性用输出 *I-V* 特性曲线描述，它也是进行系统分析的最重要的技术数据，太阳电池的 *I-V* 特性具有非线性。

在光伏发电系统中，负载的匹配特性决定了系统的工作特性和太阳电池的有效利用率。要想在太阳电池供电系统中得到最大功率，必须跟踪太阳的最大辐照。根据太阳辐照强度和环境温度条件，不断改变其负载阻抗的大小，可以实现太阳电池与负载的最佳匹配，使太阳电池输出最大功率，这种方法称为最大功率点跟踪（MPPT）。

从用户角度来看，太阳电池、光伏组件、光伏阵列是产生电能的能量源，因此可以将其看成电池或一般电源。但是太阳电池、光伏组件、光伏阵列又与一般电源有不同的特性，如光照特性、阴影特性等。

光伏供电系统的结构可以分为两大类，离网光伏发电系统和并网光伏发电系统。

离网光伏发电系统通常配有储能蓄电池，结构图如图 1-14 所示。结构图是通用的构成，既有直流负载又有交流负载。如果只有直流负载，可以省略逆变器。

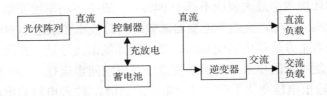

图 1-14　离网光伏发电系统结构图

并网光伏发电系统通常不带蓄电池，结构图如图 1-15 所示。若光伏阵列功率小，不需要直流汇流箱和直流配电柜，可以简化系统构成。

图 1-15　并网光伏发电系统结构图

第2章 开发与测试工具

2.1 测试仪器仪表

除组装工具、电烙铁外,电源开发还需要测试仪器仪表。常用的测试仪器仪表有万用表、稳压电源、数字示波器、电子负载,还有光伏测试仪表、兆欧表、接地电阻测试仪、电能表、信号发生器等。

1)数字示波器

数字示波器是将数据采集、A/D 转换、软件编程等一系列技术合成制造出来的高性能示波器。数字示波器一般支持多级菜单,能提供用户多种选择、多种分析功能。还有一些示波器可以提供存储功能,实现对波形的保存和处理。

数字示波器分为三类。

(1)数字存储示波器,将信号数字化后再建波形,具有记忆、存储被观测信号的功能,可以用来观测和比较单次触发波形过程和非周期现象、低频和慢速信号,查看在不同时间、不同地点观测到的信号。

(2)数字荧光示波器,通过多层次灰度或彩色可显示长时间内信号的变化情况。

(3)混合信号示波器,把数字示波器对信号细节的分析能力和逻辑分析仪多通道定时测量能力组合在一起,可用于分析数模混合信号的交互影响。

数字示波器的使用操作与电子示波器相似。

2)电子负载

电子负载可以模拟真实环境中的负载(用电器),用电子负载来检测电源电路的好坏。电子负载能模拟一个参数可任意变化的负载,从而可测试电源在各种普通状态和极限状态下的表现。在电源电路的调试和检测中,使用方便有效。电子负载分为交流电子负载和直流电子负载。

电子负载的原理是通过控制内部金属-氧化物-半导体场效应晶体管(MOSFET 或 MOS 管)或晶体管的导通量(由占空比控制大小),依靠功率管的耗散功率消耗电能的设备。它能够准确检测出负载电压,精确调整负载电流,同时可以实现模拟负载短路,模拟负载是感性、阻性还是容性,以及容性负载电流上升时间。

　　交流电子负载提供多种数据量测功能,除了可以测量常规的 Vrms、Vpk、Vdc、Irms、Ipk、Idc、W、VA、VAR、CF、PF、freq 等参数外,更提供独特的电压谐波分析功能,以验证待测物(不间断电源(UPS)、发电机等)对于电网的谐波干扰。

　　直流电子负载可用多种方法执行电源测试。可选择的工作模式有恒流(CC)、恒压(CV)、恒阻(CR)和恒功率(CP)。电子负载具有条件触发功能,如定时触发、累计值触发、参数阈值触发等,因此可以测试电源电路的放电参数,如恒流放电、恒功率放电、定电量放电、定时放电、过电压自停等特性。

　　电子负载应该有完善的保护功能。保护功能分为对内(电子负载)保护功能和对外(被测设备)保护功能。对内保护有过压保护、过流保护、过功率保护、电压反方向保护和过热保护。对外保护有过流保护、过功率保护、过载电压和低电压保护。保护功能的实现分为硬件实现和软件实现。硬件实现保护功能,保护速度会很快,如果是由软件实现,速度有滞后性。

3) 光伏测试仪器

　　I-V400 现场 I-V 曲线测试仪,用于测试和验证光伏电池组件/串的 I-V 曲线,测量单个太阳能光电模组或电池串的 I-V 特性的主要性能参数,还可以测量组件的功率衰减,测量因为灰尘覆盖而对组件造成的影响等。

　　SOLAR 300N 光伏系统性能验证与电能质量分析测试仪,用于测试和验证单相电与三相电太阳能光伏发电系统的主要性能及参数,同时具备专业电能质量分析测试功率。通过对环境参数和电气参数的测试,分析计算系统的电气效率,有助于光伏发电系统性能的后续优化。

　　接地电阻测试仪,用于对光伏电站的防雷和接地装置进行接地电阻测试,检验接地装置是否安全可靠。

　　红外热像仪,用于快速查找光伏组件中的热斑,及时排查故障点。

2.2　电路 CAD 软件

1) Altium Designer

　　电路的计算机辅助设计(CAD)软件用来辅助设计人员完成电路原理图(Schematic)绘制、印制电路板(PCB)图的制作,执行电路仿真(Simulation)等设计工作,可以将设计中的某些工作交由计算机完成。

　　Altium Designer 是一体化的电子产品 CAD 软件,主要运行在 Windows 操作系统。这套软件较早就在国内开始使用，在国内的普及率较高。软件通过把原理图设计、电路仿真、PCB 绘制编辑、自动布线、信号完整性分析和设计输出等技术融合，为设计者提供了完整的设计解决方案，使设计者的电路设计质量和效率提高。

2）Altium Designer 制作 PCB 流程

(1) 创建一个新的 PCB 工程。
(2) 创建一个新的电气原理图。
(3) 设置原理图选项。
(4) 画电路原理图(加载元件和库，在电路原理图中放置元件，电路连线)。
(5) 设置工程选项(设置 Error Reporting，设置 Connection Matrix，设置 Comparator)。
(6) 检查原理图的电气属性。
(7) 编译工程。
(8) 创建一个新的 PCB 文件，导入设计。
(9) PCB 的设计(对 PCB 工作环境的设置，定义层堆栈和其他非电气层的视图设置，设置新的设计规则，在 PCB 上摆放元器件，手动布线/自动布线)。
(10) 板设计数据校验。
(11) 为元器件封装创建和导入 3D 实体，在 3D 模式下查看电路板设计。
(12) 检验 PCB 板设计。
(13) 手动输出文件(生成 Gerber 文件，创建器件清单)。

如果在 Altium Designer 原理图库和封装库中没有所需元件，需要自己创建。首先，建立自己的元件库 File-New-Library-schematic Library(原理图库)或者 PCB Library(封装库)；手工绘制自己需要的元器件的元件图或 PCB 封装图，命名元件后保存，从而建立了自己的原理图库和封装库。画原理图或 PCB 图时，添加自己创建的库，选取自己创建的元件就可使用。

3）Altium Designer 仿真

Altium Designer 的混合电路信号仿真工具，在电路原理图设计阶段实现对数模混合信号电路的功能设计仿真，配合简单易用的参数配置窗口，完成基于时序、离散度、信噪比等多种数据的分析。

Altium Designer 中的电路仿真可以用于对模拟和数字器件的电路分析，仿真器采用由事件驱动型 XSpice 仿真模型。

Altium Designer 的仿真器可以完成各种形式的信号分析，在仿真器的分析设置对话框中，通过全局设置页面，允许用户指定仿真的范围和自动显示仿真的信号。每一项分析类型可以在独立的设置页面内完成。

Altium Designer 中允许的分析类型包括：

(1) 直流工作点分析。

(2) 瞬态分析和傅里叶分析。

(3) 交流小信号分析。

(4) 阻抗特性分析。

(5) 噪声分析。

(6) Pole-Zero (零极点) 分析。

(7) 传递函数分析。

(8) 蒙特卡罗分析。

(9) 参数扫描。

(10) 温度扫描。

电路仿真操作步骤：

(1) 编辑逻辑原理图。

(2) 放置仿真激励源 (包括直流电压源)。

(3) 放置节点网络标号。

(4) 选择仿真方式并设置仿真参数。

(5) 执行仿真操作。

(6) 观察、分析仿真测量数据。

(7) 保存或打印仿真波形。

4) PCB 画图注意事项

PCB 设计时，按照先结构设计后布局布线的顺序处理。

结构设计，也就是确定电路板尺寸和各项机械定位，在 PCB 设计环境下绘制 PCB 板面，并按定位要求放置所需的接插件、按键/开关、螺丝孔、装配孔等，并充分考虑和确定布线区域和非布线区域。

布局时主要注意以下事项。

(1) 按电气性能合理分区，如数字电路区、模拟电路区、功率驱动区；完成同一功能的电路，应尽量靠近放置，并调整各元器件以保证连线最为简洁；调整各功能块间的相对位置使功能块间的连线最简洁。

(2) 大小、高低、轻重不同的元件优化摆放其位置，要整齐美观。对于大小不同的元件要均衡布局，疏密有序；对于质量大的元器件应考虑安装位置和安装强度；对于发热元件应与温度敏感元件分开放置，必要时还应考虑热对流措施。

布线时主要注意以下事项。

（1）一般情况下，首先应对电源线和地线进行布线，以保证电路板的电气性能。在条件允许的范围内，尽量加宽电源、地线，最好是地线比电源线宽，它们的关系是：地线＞电源线＞信号线，通常信号线宽为 0.2～0.3mm，最细宽度可达 0.05～0.07mm，电源线一般为 1.2～2.5mm。

（2）预先对要求比较严格的线（如高频线）进行布线，高速差分线采用等长蛇形线布线。振荡器外壳接地，时钟线要尽量短；关键的线尽量短而粗，并在两边加上保护地。

（3）信号线尽可能不用 90°折线，产生的过孔尽量少。

（4）关键信号应预留测试点，以方便生产和维修检测。

（5）原理图布线完成后，应对布线进行优化；同时，经初步网络检查和 DRC 检查无误后，对未布线区域进行地线填充，用大面积铜层作为地线，在印制板上把没被用上的地方都与地相连接作为地线。或者做成多层板，电源和地线各占用一层。

2.3 仿真软件

1）PLECS

PLECS 是用于电路和控制结合的多功能仿真系统软件，尤其适用于电力电子和传动系统的设计和分析，可以实现光伏组件与控制系统、电力系统、能量变换电路等仿真任务。

PLECS 具有以下特性：独特的热分析功能、功能强大的示波器、极快的仿真速度、强大的波形分析工具、C 语言控制器、自动生成的 C 代码（嵌套版）、丰富的元件库等独特优势。

PLECS 拥有 PLECS Blockset（嵌套版本）和 PLECS Standalone（独立版本）两个版本。PLECS Standalone 可以独立使用，PLECS Blockset 作为 Simulink 环境中仿真电气电路的工具箱使用。PLECS Blockset 可以利用 MATLAB/Simulink 软件控制模型灵活、创造性能精确的数学模型，实现与 MATLAB 的联合仿真。

2）PVsyst

PVsyst 是常用的光伏系统设计辅助软件，用于指导光伏系统设计和发电量模拟计算，可用于设计并网、离网、抽水系统和 DC-网络光伏发电系统，并包括了广泛的气象数据库、光伏组件数据库，以及一般的太阳能工具等。

该软件提供了两种设计模式：初步设计和工程设计。

　　初步设计，可以通过几个系统特征参数快速评估得到一个粗略的系统构成、容量、费用等参考值。工程设计，用详细的模拟数据对电站进行系统设计，输出详细数据，并以表格或者图形的形式显示。

　　在"工具"中还包含了数据库管理，如气象数据库、光伏组件数据库以及一些用于处理太阳能资源的特定工具，用户可以对该软件的数据库进行修改和扩展。

　　PVsyst 主要设计步骤如下。

　　(1) 设定光伏发电系统种类：并网型、离网型、光伏水泵等。

　　(2) 设定光伏组件的排布参数：固定方式、光伏方阵倾斜角、行距、方位角等。

　　(3) 架构建筑物对光伏系统遮阴影响评估 、计算遮阴时间及遮阴比例。

　　(4) 模拟不同类型光伏发电系统的发电量及系统发电效率。

　　(5) 研究光伏发电系统的环境参数。

2.4　单片机系统开发软件

　　根据设计题目的不同，单片机系统采取的开发方法会略有差异，但总体步骤相同。首先根据需求，选择合适的单片机，基于尽可能减少外设、合适的运算速度、开发成本比等因素考虑，然后分配单片机的软硬件资源、设计系统原理图、编制软件、绘制 PCB、采购元器件、焊接、调试等。

　　单片机应用程序的开发步骤如下。

　　(1) 分析课题，确定解决方案和算法。

　　(2) 分配系统资源及存储单元。

　　(3) 绘制程序总流程图和各功能模块的流程图。

　　(4) 设计程序，并反复调试和修改。

1) Keil C51

　　对于 51 系列单片机的开发，Keil C51 软件应用非常广泛。Keil C51 是 51 系列兼容单片机 C 语言软件开发系统，与汇编语言相比，C 语言在功能、结构性、可读性、可维护性上有明显的优势，因而易学易用。

　　Keil C51 软件提供丰富的库函数和功能强大的集成开发调试工具，全Windows 界面。Keil C51 生成的目标代码效率非常高，多数语句生成的汇编代码很紧凑，容易理解。在开发大型软件时更能体现高级语言的优势。

　　Keil C51 是包含多项 C51 工具包的软件，其整体结构包括以下功能。

　　(1) μVision 是 C51 的集成开发环境(IDE)，可以完成编辑、编译、连接、调试、仿真等整个开发流程。开发人员可用 IDE 本身或其他编辑器编辑 C 语言文件或汇编源文件。

（2）分别由 C51 及 A51 编译器编译生成目标文件（.OBJ）。

（3）目标文件可由 LIB51 创建生成库文件，也可以与库文件一起经 L51 连接定位生成绝对目标文件（.ABS）。ABS 文件由 OH51 转换成标准的 Hex 文件，供调试器进行源代码级调试，或供仿真器进行目标板调试，也可以直接写入程序存储器中。

利用 Keil C51 软件的工具包，51 单片机软件开发的主要步骤如下。

（1）建立工程文件，选择单片机型号，设置环境。

（2）编辑程序文件，对于多文件工程，逐个编辑程序文件并添加到工程中。

（3）编译，排错，重新编译直到无错，产生目标文件（.OBJ）。

（4）连接库文件，产生 Hex 文件。

（5）可以利用自带的软件仿真器仿真，也可以用硬件仿真器仿真，或不仿真检验。

（6）下载到目标板的 ROM 中调试，检验程序。

2）Proteus

Proteus 软件是一款可以用于单片机开发的 EDA 工具软件。它不仅具有电路仿真功能，还能仿真单片机及外围器件。

Proteus 软件从原理图布图、代码调试到单片机与外围电路协同仿真，迅速切换到 PCB 设计，可实现从概念到产品的完整设计。其处理器模型支持 8051、AVR、ARM、HC11、PIC10/12/16/18/24/30/DsPIC33、Cortex、DSP 系列 8086 和 MSP430 等。在编译方面，它也支持 IAR、Keil 和 MPLAB 等多种编译器。

Proteus 软件具有原理布图、PCB 自动或人工布线、SPICE 电路仿真等功能。Proteus 软件最大的特点是能完成互动的电路仿真，能完成处理器及其外围电路仿真。互动的电路仿真是指，用户可以实时采用诸如 RAM、ROM、键盘、马达、LED、LCD、AD/DA、部分 SPI 器件、部分 IIC 器件进行仿真。仿真处理器及其外围电路是指，可以仿真 51 系列、AVR、PIC、ARM 等常用主流单片机，还可以直接在基于原理图的虚拟原型上编程，再配合显示及输出设备，能看到运行后输入输出的效果。配合 Proteus 软件配置中的虚拟逻辑分析仪、示波器等，Proteus 建立了完备的电子设计开发环境。

第 3 章　稳压电源和逆变电源基础

本章的每个设计题目，简要描写了题目的任务和要求，分析了原理，给出了关键设计或总体设计方案。除了以上三部分内容外，在做实际设计时，还有搜集资料(包括相关标准)、详细设计、测试与数据、总结、参考资料、附录等内容需要完善，以上内容也是撰写课题报告时的写作提纲。

(1)详细设计。

硬件包括电路的原理图及 PCB 图、电路各模块的原理分析、关键器件的选取、非标元件的加工制作过程；软件包括软件框图、关键变量定义、寄存器的设置说明、关键程序的注释等。

(2)测试与数据。

测试仪器：如直流稳压源、万用表、数字示波器、电子负载等。

测试数据：对设计要求的基本指标测量数据，此外还需测量通用指标、特殊指标数据。

数据分析：记录测量数据，并分析测量数据是否与理论相符合，理论数据可以通过分析计算或仿真获得，对误差进行分析。

(3)实践训练总结。

简要写出实训结果、设计的不足和改进措施、完成设计任务的心得体会、小组成员分工和完成情况、对课题的贡献度等。

(4)参考资料与附录。

参考资料目录、列出硬件器材清单、软件清单等。

在写实训报告时，内容需要根据相对应的设计题目绘制电路图和 PCB 图、编制软件、撰写测试方法、测试数据、分析测试结果并归纳总结。

3.1　可调式正负输出稳压电源

任务：设计输出独立可调正/负电压的稳压电源，输出正负直流 5~12V 可调，输出最大电流 0.5A。

要求：将交流 220V 入双 12V 出的工频变压器作为该稳压电源的输入，具有输出电源指示，滤波电路，栅栏式 7.62mm 接线端子输出，主芯片有散热材料，输出电压稳定，模块四周有固定安装孔。

3.1.1　原理与方案

集成稳压电路是将所有检测比较电路、大功率调整管、保护电路等都集成在芯片内，通常只有三个端子(输入端、输出端和地)，使用时只要加上散热片、整流滤波电路就可以了。目前用得较多的三端集成稳压电路有：正负输出电压可调节的 LM317/337 芯片、输出固定正电压的 78 系列芯片、输出固定负电压的 79 系列芯片等。

78 系列和 79 系列三端集成稳压电路芯片，输出电压有 5V、6V、9V、12V、15V、18V、24V 等多种。78 系列和 79 系列芯片输出电流主要有 0.1A、0.5A、1.5A 三类，分别用 L、M、无字母表示，如 LM78L05、LM78M05、LM7805 都是 5V 电压源，LM 是产品标识，输出电流分别为 0.1A、0.5A、1.5A。LM78XX 的 1 脚 IN，2 脚 GND，3 脚 OUT；LM79XX 引脚：2 脚 IN，1 脚 GND，3 脚 OUT(IN 输入端，OUT 输出端，GND 地)。

LM317/337 是正负输出电压可调节的三端集成稳压电路，用 LM317/337 构成输出正负电压可调的电源方案，电路简单、调节范围大，但电源效率低、温升大。

LM317/337 的主要技术指标分析。

(1)LM317/337 在输出电压范围 1.2～37V 时能够提供超过 1.5A 的电流，满足输出直流正负 5～12V 可调和输出最大负载电流 0.5A 的要求。

(2)芯片的最小输入输出电压差为 2V，交流 220V 入双 12V 出的变压器，经桥式整流、滤波电路后输出电压约 1.2×12>14V，可以满足 12V 直流的输出。

(3)输入 14V，最小输出 5V，集成稳压器芯片上的压降为 9V，最大负载电流 0.5A，则集成稳压器芯片消耗的功率为 4.5W，需要合适的散热器。散热片的尺寸由输入电压、输出电压、负载电流和环境温度决定。环境温度越高，对散热的要求也越高。

另外，LT1085/LT1086、LM1117、LM2940 也是常用的集成稳压电源芯片。使用 SG3525、TL494 等 PWM 芯片组合变压器，在次级通过多抽头线圈稳压后也可获得正负输出的直流电压，而且输出电流可以做得比较大，但这种方案电路复杂、输出电压调节范围小。

3.1.2　关键设计

LM317 是三端稳压集成电路系列中的可调压产品，输出正电压(LM337 是负电压)，其主要特性如下。

(1)输出电压：1.25～37V DC 连续可调；输出电流：5mA～1.5A；(高输出电压的 LM317 稳压电路如 LM317HVA、LM317HVK 等，其输出电压变化范围是

1.25～45V）。

（2）典型输出调整率 0.01%，典型负载调整率 0.1%，80dB 纹波抑制比。

（3）输出短路保护，过流、过热保护，调整管的安全工作区保护。

（4）最大输入/输出电压差：40V DC，最小输入–输出电压差：3V DC。

（5）使用环境温度为–10～+85℃，存储环境温度为–65～+150℃。

（6）标准三端晶体管封装。LM317 的引脚：1 脚 ADJ，2 脚 OUT，3 脚 IN；LM337 的引脚：3 脚 IN，1 脚 ADJ，2 脚 OUT。

用 LM317 和 LM337 获得输出可调的正负电压电路原理图如图 3-1 所示。

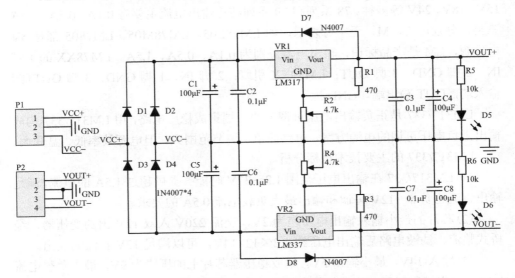

图 3-1　输出可调的正负电压电路原理图

稳压电源的输出电压可用式(3-1)计算：

$$U_{\mathrm{o}} = 1.25\left(1 + \frac{R_2}{R_1}\right) \tag{3-1}$$

LM317 稳压块的输出电压变化范围是 $U_{\mathrm{o}} = 1.25 \sim 37\mathrm{V}$，所以 R_2/R_1 的范围只能是 0～28.6。

LM317 稳压块最小稳定工作电流(不大于 5mA)的典型值为 1.5mA。当 LM317 稳压块的输出电流小于其最小稳定工作电流时，LM317 稳压块就不能正常工作。使 LM317 稳压块空载时输出的电流大于或等于其最小稳定工作电流，只要保证 $\dfrac{U_{\mathrm{o}}}{R_1 + R_2} \geqslant 1.5\mathrm{mA}$。R1 的最大值为 $R_1 \approx 0.83\mathrm{k\Omega}$。又因为 R_2/R_1 的最大值为 28.6，所以 R2 的最大取值为 $R_2 \approx 23.74\mathrm{k\Omega}$。即必须保证 $R_1 \leqslant 0.83\mathrm{k\Omega}$，$R_2 \leqslant 23.74\mathrm{k\Omega}$，

LM317 稳压块在空载时才能够稳定地工作。

本电路中 R1 选用 470Ω 电阻，R2 为 4.7kΩ 电位器，输出电压为 5～12V 可调。如果需要提高输出电压，可以直接更换 R2，如使用 10kΩ 电位器。在实际应用中，为了电路的稳定工作，还需要在 VR1 和 VR2 的两端按能流相反方向并接二极管 D7、D8 作为保护电路，防止正电源输入端短路时输出电容 C4 放电时使 LM317 损坏，防止负输入电源短路时输出电容 C8 放电时损坏 LM337。

LM317 在不加散热器空气自然冷却时最大功耗为 1.5W。以 LM317 自带散热片贴在 PCB 上，最大功耗约 2.3W。如果需要继续增加功耗，采用外加散热板。

为验证设计是否符合要求，需测试电源指标，对于要求稳压输出的电源，测试指标基本相同。测试内容主要有：

(1) 通过仪表测量输出电压 U_o、输出电流 I_o，计算输出功率 P_o；

(2) 通过调压器调节输入电压，计算电压调整率 S_u；

(3) 改变负载大小，计算负载调整率 S_i；

(4) 通过测量输入与输出的电压电流值，计算稳压电路的效率；

(5) 通过调压器测量输入电压范围。

3.1.3　设计注意事项

1) 散热问题

电源内部器件的工作温度高低直接影响电源的寿命，特别是一体化和模块化的电源，器件升温越低电源寿命越长。对于线性串联型稳压电源，因为负载消耗电能固定，所以电源中三端稳压电路芯片是输入电能和负载消耗之间的调节器，通常电能消耗大，发热严重。针对三端稳压电路芯片的发热可以通过改善其散热条件来降低温升，从而大大延长其使用寿命。例如，三端稳压电路芯片安装散热器，散热器的表面积越大越有利于散热，且散热器的安装方向应尽量有利于空气的自然对流，功率在 150W 以上除安装散热器以外还可以加装风扇强制风冷。此外在环境温度较高或空气流通条件较差的地方，电源必须降额使用以减小功耗从而降低温升，延长使用寿命。

2) 功率因数

如果输入交流电源接整流电路之后直接连接电阻性负载，则整流电路对输入的电源波形无影响。功率因数基本为 1，高次谐波成分很低。但由于实际电路中 L、C 滤波等的作用，整流电路和负载呈现容性或感性，则使输入的交流电电流、电压产生相位差，而且电容的充放电电流、电感的电压等都会造成尖脉冲，从而产生高次谐波，使功率因数明显下降。

功率因数校正(PFC)电路作用就是在整流电路和变换器之间插入元件或隔离电路，使得输入电路的综合负载接近于纯阻性。

实际的功率因数校正电路有两类。第一类是无源校正电路，依靠无源元件电路改善功率因数，减小电流谐波，其电路简单，但体积庞大。第二类是有源校正电路，在输入电路和变换器之间插入一个隔离电路，通过特定的控制使得电流跟随电压，并反馈输出电压使之稳定。

3) 负载平衡

两路输出电源，注意不同路输出之间的功率分配。如果电源带双路平衡负载，双路电流大小一样；而带不平衡负载的，两路负载电流不相同。如果双路负载长期工作在电流不相同状态，变压器次级绕组线圈一半重载一半轻载长期工作，会影响变压器的性能。

本章设计对负载平衡无特殊要求，但是对于一些采用负载反馈稳压的双输出电源电路要注意是否存在负载平衡的问题。对于双路输出电源，两路输出对负载的要求不同，这类电源通常只对其中一路进行稳压反馈，另一路通过变压器耦合达到所需的电压。当稳压主路负载过重、辅路负载过轻时，辅路电压会升高较多，此时辅路对电压要求严格时，需增加三端稳压器。而当非稳压辅路负载过重、主路负载过轻时，可能出现输出电压不稳定或者辅路电压过低的情况，此时需给主路增加假负载。

4) 组装调试

要注意端子、散热器、电位器等元件的连接情况，注意调节旋钮的安装位置便于调节。注意电源应用在机械振动强度较大的场合时，焊点有可能经受不住强烈振动应力而断裂，在焊接的基础上再采取另外的固定和缓冲措施，例如，可以用夹具或螺栓将器件与线路板等部件固定，并且在它们中间垫一些弹性材料以缓冲振动产生的应力，或者灌注导热绝缘橡胶，可以对元件起到较好的缓冲保护作用。

3.1.4 练习与发挥

(1) 以本题目要求为基础，扩大输出电流达到5A，设计该电路。

(2) 用LM7812、LM7912设计电路，要求输出正负12V电压电流达到2A。

(3) 用LM7805设计+5V/1A输出，用MC34064芯片设计–5V/0.1A输出的正负输出电路。

（4）集成 PFC 控制器电路有 UC3854、UC3858、TDA16888、FA5331P、FA5332P 等，了解 UC3854 特性和典型应用，并用 UC3854 设计 PFC 电路。

3.2　可调降压式开关电源模块

任务：主芯片采用降压式（Buck）开关电源 LM2576（或 LM2596）芯片；输入直流 30V 以内，输出直流电压 3.3～27V 可调；输出最大负载电流 3A。

要求：可调降压式开关电源具有输出指示、滤波电路、栅栏式 7.62mm 接线端子，要求主芯片散热良好，电源输出电压稳定，如有外接控制信号则采用标准 2.54mm 排针进行输入/输出连接。

3.2.1　原理与方案

LM2576 系列 3A 电流输出降压开关型集成稳压电路，它内含固定频率振荡器（52kHz）和基准稳压器（1.23V），并具有完善的保护电路，包括电流限制和过热关断电路等，利用该器件只需极少的外围器件便可构成高效稳压电路。LM2576 系列包括 LM2576（最高输入电压 40V）及 LM2576HV（最高输入电压 60V）两个系列。各系列产品均提供有 3.3V（−3.3V）、5V（−5.0V）、12V（−12V）、15V（−15V）及可调（ADJ）等多个电压档次产品。LM2596 振荡频率是 150kHz，电感值可选得小一些。

MAX5035 是一种高效的降压 DC-DC 变换芯片，与 LM2576 类似。MAX5035 有 MAX5035A、MAX5035B、MAX5035C、MAX5035D 四种型号，分别对应 3.3V、5V、12V、可调节（1.25～13.2V）电压输出。四种型号芯片的输入最大值都是 76V，输出电流达 1A，无负载时静态电流 270μA，关闭时静态电流 10μA，内部 PWM 频率固定在 125kHz，具有频率补偿、温度保护、短路保护等功能，效率达 86%～94%。

要求输入直流电压 30V 以内，输出直流电压 3.3～27V 可调；输出最大负载电流 3A，选用 MAX5035 无法满足输出电压和输出电流的要求，选用 LM2576-ADJ 可完成满足要求的设计。

3.2.2　关键设计

LM2576 是简易高效降压稳压器，用于高效预稳压、线性稳压器、开关稳压器、正负转换器（降压-升压）等场合。

LM2576-ADJ 为主芯片，输出 3.3～27V 可调的电路原理图如图 3-2 所示。

从图 3-2 可以看出，LM2576 使用简单，只需极少的外部元件。LM2576 系列器件可作为三端线性稳压器（如 LM78XX）的替代方案，大大减少了散热片的体积，在大多数情况下，甚至不需要散热。L1 选用适于 LM2576 器件的一系列标准电感，可以大大简化开关式电源的设计。

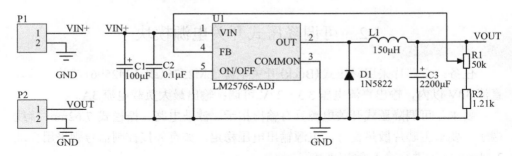

图 3-2　输出 3.3～27V 可调的降压电路原理图

　　LM2576 的输出开关不仅包括电流调节，还集成了外部关断控制，并具有完善的保护电路，包括过流、过热关断等。LM2576 待机电流仅为 50 μA（典型），电流限制最大输入电压为 40V，内含固定频率振荡器（52kHz）、基准稳压器（1.23V）。封装有 TO-263 和 TO-220。

　　二极管 D1、L1、C3 的选取方法如下。

　　（1）二极管 D1 的最大电流为 LM2756 的最大输出电流，1N5822、MBR340、SR304、31DQ04 等型号二极管的额定电流为 3A，反向耐压大于 40V，满足设计要求。

　　（2）电感 L1 的取值取决于最大脉冲宽度，使其在脉冲宽度最大的情况下电流不进入不饱和段，也就是脉冲宽度越大，所取的电感量也越大。对于电感 L1 的选取，首先要先计算 $E \cdot T$ 值：

$$E \cdot T = \left(U_\mathrm{i} - U_\mathrm{o}\right)\frac{U_\mathrm{o}}{U_\mathrm{i}} \cdot \frac{1000}{f_s} \tag{3-2}$$

式中，U_i 和 U_o 为输入电压和输出电压（V）；f_s 为开关频率（kHz）。

　　根据此 $E \cdot T$ 值，在 LM2576 数据手册的 $E \cdot T$ 最大电流图中查出 L 的取值，此值就是电感 L1 的最小电感量。

　　（3）电容器主要起平波作用，与脉冲频率和负载的阻抗 R 有关，可以取 $RC \geqslant 10$ 倍脉冲周期左右，具体看对输出纹波的要求。电容 C3 的最小值（C_OUT）：

$$C_\mathrm{OUT} > 13300 - \frac{U_\mathrm{i}(\mathrm{Max})}{U_\mathrm{o} \cdot L} \tag{3-3}$$

式中，L 为电感 L1 的电感量（μH）；C_OUT 为电容 C3 的最小值（μF）；U_i 和 U_o 为输入电压和输出电压（V）。

3.2.3　设计注意事项

实现降压的开关型集成电路型号很多，如 LM2596、TPS5430/31、TPS75003、MAX1599/61、TPS61040/41，是常用的 DC-DC 降压芯片。选择芯片时不仅仅要考虑满足电路性能要求及可靠性，还要考虑它的体积、重量、延长电池寿命及成本等问题，特别需要注意以下几个问题。

(1) 不要追求高精度、功能全的最新器件。电源集成电路的精度一般为±2%～±4%，精度高的可达±0.5%～±1%，要根据电路的要求选择合适的精度，这样可降低生产成本。功能较全的器件价格较高，例如，电源设计的要求是无须关闭电源或产品中无单片机，则无须选择带关闭电源功能或输出电源工作状态信号的电源集成电路，这样不仅可降低成本，并且尺寸更小。

(2) 不要选取过大功率的集成电路。电源集成电路最主要的三个参数是输入电压 U_i、输出电压 U_o 及最大输出电流 I_{omax}。根据产品的工作电流来选择电源集成电路，较合适的是工作电流最大值为电源集成电路最大输出电流 I_{omax} 的 70%～90%。

(3) 完善的保护措施。电源集成电路有完善的保护措施，这包括输出过流限制、过热保护、短路保护及电池极性接反保护，使电源工作安全可靠，不易损坏。

(4) 输出电流大时应采用降压式 DC-DC 变换器。便携式电子产品中大部分工作电流在 300mA 以下，当采用 1～2 节电池供电，升压到 3.3V 或 5V 并要求输出 500mA 以上电流时，电池寿命不长或两次充电间隔时间太短，使用不便。将电池多节串联作为输入，采用降压式 DC-DC 变换器，其效率与升压式相差不大，但电池的寿命或充电间隔时间要长得多。

(5) 当有两个相同的电源，而单个的功率不足带动负载时，两个电源并联使用(输出用二极管隔离)，以满足功率要求。但将普通电源并联使用提升功率的方法存在隐患，输出电压偏高的电源可能需要提供过大的电流而导致电源过功率。如果并联的两个电源都满足负载的要求，则这种并联形式可以看作电源冗余。

3.2.4　练习与发挥

(1) 使用 LM2596S-ADJ 替代 LM2576S-ADJ 芯片，设计可调降压式稳压模块。

(2) 如果使本设计的输出电流达到 5A，如何扩展输出电流？请重新设计电路。

(3) 设计一个使用 LM2576-12 芯片为核心的电源模块，要求输入 12～45V 直流电，输出–12V/700mA。

(4) 使用 PWM 芯片(TL494 或 SG3525)为主芯片设计可调降压式稳压电路。

(5) 比较降压型(Buck)开关稳压器和低压差(LDO)线性稳压器的优缺点。如果要改善图 3-2 电路的输出纹波特性,请设计一个连接在输出端的 LC 滤波电路。

3.3　可调升压式开关电源模块

任务:输入直流 12V,输出直流电压 18~24V 可调,输入输出无隔离;在电阻负载条件下,输出最大负载电流 1A。

要求:电压调整率≤2%;效率≥75%;具有输出电源指示,滤波电路,栅栏式 7.62mm 接线端子输出,主芯片要有散热材料,输出效率高、输出电压稳定。

3.3.1　原理与方案

无隔离升压型开关电源,采用 Boost 电路拓扑结构。由于电路损耗主要来源于器件本身以及一些开关元件的寄生电阻和进行开关操作时的开关损耗,因此,在设计电路时要尽量减少损耗元件的个数,选用耗能小的阻容元件和开关元件。因电感流过的电流比较大,不能使用信号处理的微功率电感,要使用能流过大电流的功率电感。另外,变压器的选取和绕制也对效率有影响。

方案一,主芯片使用升压式开关电源 LM2577 芯片。

LM2577 开关电源芯片被整体整合在集成电路中,成为开关调节器,可以用于升压电路、正激电路、反激电路。这个芯片可用于三种不同的输出电压,分别是 12V、15V 和可调电压(ADJ)。采用 LM2577-ADJ 芯片构成升压电路,需要的外部器件少,输出转换电流达 3.0A,输入电压范围为 3.5~40V,满足题目要求。

方案二,基于 PWM 控制器(TL494)的升压型 DC-DC 设计。

采用 PWM 控制器 TL494,这个芯片可以推挽或单端输出,工作频率为 1k~500kHz,输出电压可达 40V,内有 5V 的电压基准,死区时间可以调整,使用方便灵活。

3.3.2　设计方案一

LM2577-ADJ 需要少量的外部器件,就可获得可调的电压,而且效率高,易于使用。LM2577-ADJ 芯片中有 1 个 3.0A NPN 开关及其有关保护电路。保护电路有输出过流保护、热保护。内部还包括 52kHz 内部振荡器,软启动电路,受控开关机电路。软启动电路能有效地阻止输入电压和输出负载电涌。主芯片采用开关电源 LM2577 芯片,输出 18~24V 可调的升压电路原理图如图 3-3 所示。

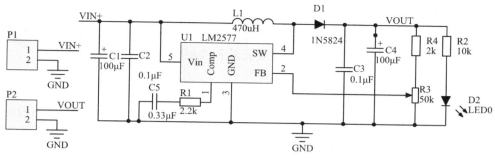

图 3-3　输出 18～24V 可调的升压电路原理图

电阻 R3、R4 构成输出电压采样电路，可以通过 R3 实现输出电压调节。L1、D1、U1、C4 构成 Boost 主电路。

L1、D1、C4 的设计方法与 LM2576 设计步骤一致，可对照数据手册图标完成 L1 的电感量选取，L1 的电流选择要求小于负载电流最大值。D1 的最大电流小于输出的最大电流，D1 的反向耐压大于最大输出电压。

3.3.3　设计方案二

以 TL494 为核心的升压式开关电路图如图 3-4 所示。U1、C1、C2、R1、R2 构成 PWM 发生电路；Q1 和 Q2 是 Q3 的驱动元件；L1、Q3、D1、C4 构成 Boost 电路。R4～R8 构成输出电压取样电路。

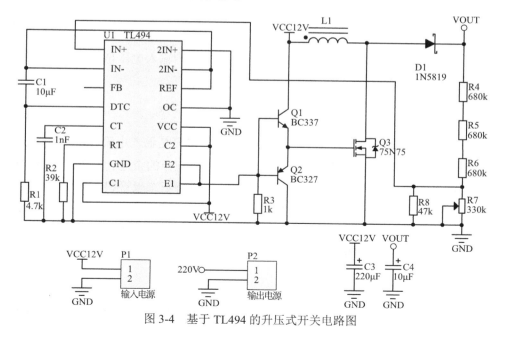

图 3-4　基于 TL494 的升压式开关电路图

该变换电路设计主要是确定关键元件：开关管 Q3 和续流二极管 D1、滤波电容 C4、滤波电感 L1。下面分别以开关管 Q、续流二极管 D、滤波电容 C、滤波电感 L 为通用符号，分析该电路中主要元件和控制电路的设计方法。

1）开关管 Q

开关管 Q 在电路中承受的最大电压是 U_0，考虑到输入电压波动和电感的反峰尖刺电压的影响，所以开关管的最大电压应大于 $1.1 \times 1.2 U_0$。实际在选定开关管时，管子的最大允许工作电压值还应留有充分的余地，一般选择 $(2 \sim 3) 1.1 \times 1.2 U_0$。假设开关管的工作电流 I_i，那么一般要求开关管最大允许电流为 $(2 \sim 3) I_i$。开关管的选择，主要考虑开关管驱动电路简单、开关频率高、导通电阻小等。如选择 N 沟道功率场效应管 IRF3205，该器件的 $V_{\text{DSM}} = 55\text{V}$，导通电阻仅为 $8\text{m}\Omega$，$I_{\text{DM}} = 110\text{A}$。它是电压控制器件，要求驱动电流很低，并且开关速度很快，导通电阻很小，这样既减少了开关损耗，也降低了本身寄生电阻的损耗。

2）输出滤波电容 C 和电感 L

电容 C（F）的选择：

$$C \geqslant \frac{I_o (U_o - U_i)}{U_o \cdot \Delta U_o \cdot f_s} \tag{3-4}$$

电感 L（H）的选择：

$$L \geqslant \frac{U_i^2 (U_o - U_i)}{1.4 U_o^2 \cdot I_o \cdot f_s} \tag{3-5}$$

式中，I_o 为输出电流（A）；U_o 为输出电压（V）；U_i 为输入电压（V）；f_s 为开关频率（Hz）；ΔU_o 为电压纹波（V）。

3）续流二极管 D

在电路中二极管最大反向电压为 U_o，流过的电流是输入电流 I_i，所以在选择二极管时，二极管的额定电压和额定电流都要留有充分的余地。另外，续流二极管的导通电阻要小，开关频率要高，一般要选用肖特基二极管和快恢复二极管。

1N5819 是肖特基二极管，反向耐压 40V，额定正向电流 1A，满足设计要求。也可以用指标高于 1N5819 的肖特基二极管，如 1N5822（40V/3A）、MBR150（50V/1A）、MBR160（60V/1A）等来代替 1N5819。

4）控制电路的设计

DC-DC 变换器控制电路由集成 PWM 控制器 TL494 构成，调制脉冲的频率选择 50kHz，选择振荡电容 CT 为 1000pF，电阻 RT 为 22kΩ 即可满足要求。脉冲采用单端输出方式，将 13 脚接地。为了提高驱动能力，从内部三极管的集电极输出，并将两路并联，即将 8、11 脚并联接电源(输入电压 U_i)，9、10 脚并联，该端即脉冲输出端。为了保证输出电压 U_o 稳定，要引入负反馈，即通过取样电阻 R4～R8 将输出电压反馈到 TL494 内部误差放大器的同相输入端(1 脚)，误差放大器的反相输入端(2 脚)接一个参考电压；当输出电压增高时，反馈信号和参考电压比较后，误差放大器的输出增大，结果使输出脉冲的宽度变窄，开关管的导通时间变短，输出电压将保持稳定。R2 和 C2 用于调节输出脉冲频率。

　　Q1 和 Q2 分别是 BC337(NPN 三极管)和 BC327(PNP 三极管)，构成推挽电路。两个三极管的 CE 结耐压 45V，集电极电流 0.8A，最大功率 0.625W。此外还有类似常用配对的三极管 9012 和 9013，8050 和 8550。9012(PNP)和 9013(NPN)的最大功率为 0.625W，最大集电极电流为 0.5A，CE 结耐压 20V(9012)和 25V(9013)，特征频率在 150MHz 以上。8050 是 NPN 型三极管，8550 是 PNP 型三极管，生产厂家多，参数分为两种：S8050 与 9013 基本相同；而 2SC8050、MC8050、CS8050、SS8050 的最大功率为 1W，集电极电流最大为 1.5A，CE 结耐压 25V，特征频率 150MHz。

3.3.4　TL494 使用注意事项

　　TL494 芯片内部结构可从其数据手册得知，其内部有两个误差比较器：一个电压比较器和一个电流比较器。电流比较器可用于过流保护，电压比较器可设置为闭环控制，电压比较器的调整速度快。此外 TL494(5 脚、6 脚外接电容 C2、电阻 R2)自激振荡，9、10 脚输出，可单输出也可双输出，图 3-4 所示电路为单输出(即把 9、10 两脚接在一起)。改变电阻 R1 的大小可改变 TL494 的 9、10 脚输出信号占空比，信号经过 Q1 和 Q2 推挽放大推动 Q3。

　　当 TL494 正常工作时，输出脉冲的频率取决于 5 脚和 6 脚所接的电容 CT 和电阻 RT，表达式为

$$f_s \approx \frac{1.1}{R_T C_T} \tag{3-6}$$

在电容 CT 两端形成的是锯齿波，该锯齿波同时加给芯片内部的死区时间控制比较器和 PWM 比较器，死区时间控制比较器根据 4 脚所设置的电压大小输出脉冲的死区宽度，利用该引脚可以设计电源的软启动电路、欠压或过压电路等。输出调制脉冲宽度是由电容 CT 端的正向锯齿波和 3、4 脚输入的两个控制信号综合比较后确定的。当外接控制信号电压大于 5 脚电压时，9、10 脚输出脉冲为低电平，所以随着输入控制信号幅值的增加，TL494 输出脉冲占空比减小。13 脚为

输出脉冲模式控制端，当该端为高电平时，两路脉冲输出分别由触发器的 Q 和 $\overline{Q}$ 端控制，两路信号输出互补，即推挽输出，此时 PWM 脉冲输出频率为振荡器频率的一半，最大占空比为 48%。若 13 脚接地，触发器控制不起作用，两路输出脉冲相同，其频率与振荡器频率相同，最大占空比为 96%，为了增大驱动电流的能力，一般使用时可将两路并联输出。

TL494 内部包含两个误差放大器，若两个误差放大器的反相输入端 2、15 脚的参考电位一定，当它们的同相输入端电位升高时，输出脉冲的宽度变窄；反之脉冲宽度变宽。所以一般将两个误差放大器的同相和反相输入端分别接到基准信号与反馈信号，使系统完成闭环控制，实现控制对象的稳定。在实际使用中，常利用 TL494 内部基准电源向外提供+5V 基准参考电压，再通过电阻分压网络给误差放大器提供基准电位。

3.3.5　练习与发挥

(1) TL494 应用电路较多，可以构成升压、降压、升降压、MPPT 跟踪、双向 DC-DC 等电路。请用 TL494 构成降压式电路，要求输入 24V，输出+5V，输出电流 1A。

(2) 在本题目中，添加过流保护电路，要求电流取样电阻选择小于 0.5Ω 的电阻，采用比较器(如 LM393)判断过电流。

3.4　特殊要求的直流电源模块

任务：(1) 设计主芯片为 B772 的无线供电模块，输入直流 5V 以上，输出直流 5～8V，输出功率 0.5W，初级电感和次级电感距离 1～20mm。

(2) 输入电压为 1～2 节干电池(或 1 节锂电池)，设计输出 5V/100mA 的便携电子产品供电电路。

要求：输出效率高，具有电源指示，低纹波，低噪声。

3.4.1　原理与方案

(1) 无线电源，主芯片 B772 构成振荡电路，通过线圈耦合电能。输出电压由线圈的匝数决定(耦合量)，原理同变压器的工作原理。例如，相同匝数的两个耦合线圈，输入 5V，考虑损耗等因素，输出略小于 5V，要想提高输出电压，可以增加耦合线圈的匝数。

(2) 把 1～2 节五号干电池(或充电电池)或者单节锂电池升压到 5V,完全释放所有能量给手电筒 LED 灯、手机、MP3、MP4 等数码产品供电，由于电流控制不会损坏手机等任何数码设备。可以使用分立元件或集成电路 SL8203 等一些低功耗、低成本器件，构成简单的 DC-DC 升压电路。这种电路一般要求构成简单、体积小、耗电少。

3.4.2　无线电源设计

无线供电模块电路原理图如图 3-5 所示。电路具有电源指示灯，工作频率 2MHz，可以采用振荡线圈 L1 为 52～56 匝，耦合线圈 L2 绕 86 匝，耦合线圈电压通过二极管整流、电容滤波输出直流电。

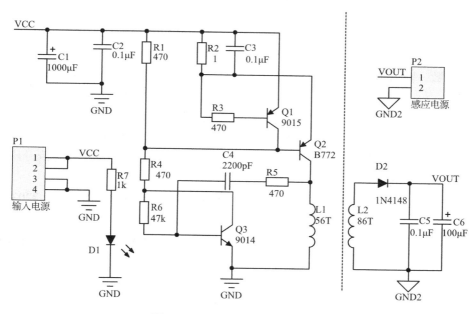

图 3-5　无线供电模块电路原理图

3.4.3　干电池升压电路

（1）一种模拟器件构成的干电池升压电路，可以用于 LED 手电筒等，驱动电路原理图如图 3-6 所示，手电筒前端为 5～8 个高亮度发光二极管。由于使用超高亮度发光管，发光效率很高，工作电流比较小，使用 1 节五号干电池 5 个发光二极管的手电筒，电流只有 100mA 左右。

接通电源后，Q1 因 R1 接电池负极，而 C1 两端电压不能突变。Q1 的 b 极电位低于 e 极，Q1 导通，Q2 的 b 极有电流流入，Q2 也导通，电流从电池正极经 L1、Q2 的 c 极到 e 极，流回电源负极，电源对 L1 充电，L1 储存能量，L1 上的

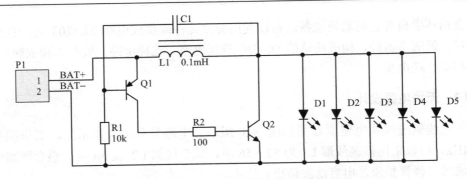

图 3-6　模拟器件构成的干电池升压电路

自感电动势为左边正右边负。经 C1 的反馈作用，Q1 基极电位比发射极电位更低，Q1 进入深度饱和状态，同时 Q2 也进入深度饱和状态，即 $I_b > (I_c / \beta)$，其中 β 为放大倍数。随着电源对 C1 的充电，C1 两端电压逐渐升高，即 Q1 的 b 极电位逐渐上升，I_{b1} 逐渐减小，当 $I_{b1} \leqslant (I_{c1} / \beta)$ 时，Q1 退出饱和区，Q2 也退出饱和区，对 L1 的充电电流减小。此时，L1 上的自感电动势变为左边负右边正，经 C1 反馈作用，Q1 的基极电位进一步上升，Q1 迅速截止，Q2 也截止，L1 上储存的能量释放，发光二极管上的电压来自电池电压叠加 L1 的自感电动势，达到升压的目的。此电压足以使 LED 发光。

（2）由主芯片 SL8203 构成的电池升压电路，原理图如图 3-7 所示。SL8203 是一款低纹波、高效率、高工作频率的 PFM 型升压芯片。SL8203 最高工作频率 300kHz，输入电压 2～5V，输出电压 5V，低启动电压 0.8V（1mA）。电路采用了高性能、低功耗的电路结构，输出有 LED 指示灯。

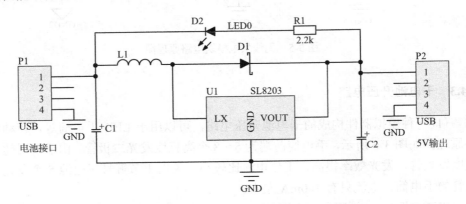

图 3-7　主芯片 SL8203 构成的电池升压电路原理图

SL8203 是一款 Boost 结构、升压型 PFM 控制模式的 DC-DC 变换器。芯片内部包括输出电压反馈和修正网络、启动电路、振荡电路、参考电压电路、PFM 控制电路、过流保护电路以及功率管等。

SL8203 内部是以 PFM 控制电路为核心的，该模块根据其他模块传递的输入电压信号、负载信号以及电流信号来控制功率管的开关，从而达到控制电路恒压输出的目的。在 PFM 控制电路中，固定振荡频率和脉宽，稳定的输出电压是根据输入与输出电压的比例，以及负载情况通过 PWM 脉冲调节功率管通断来实现的。为了获得较高的转换效率，需要选择合适的电感、肖特基二极管和电容。

考虑电感 L1 的电感值，需要保证能够使得 Boost DC-DC 在连续电流模式正常工作。L1 需要的最小电感量 L_{min} (H) 为

$$L_{min} \geqslant \frac{D(1-D)^2 R_L}{2f_s} \tag{3-7}$$

式中，R_L 为负载电阻 (Ω)；f_s 为振荡频率 (Hz)；$D = \dfrac{U_o - U_i}{U_o}$ (%)，U_o、U_i 为 SL8203 的输出电压和输入电压 (V)。

二极管 D1 对 DC-DC 的效率影响很大，虽然普通的二极管也能够使得 DC-DC 电路工作正常，但是会降低 5%～10%的效率，所以使用正向导通电压低、反应时间快的肖特基二极管，如 1N5817、1N5819、1N5822 等。

输入电容 C1 根据输入电压特性不用或用 10μF 电容，输出电容 C2 用 22μF 以上电容。

本设计中 L1 用电感量 47μH 的电感，C1 不用，C2 用 47μF 的电容，D1 用 1N5817。

3.4.4　练习与发挥

(1) 如何增加无线电源的功率？如负载要获得 3W 以上的电能，需要做哪些改进？

(2) 设计以 TDA2030 为主芯片的单电源转为双电源的电路。要求：输入直流 5～36V，输出正负 3.3～18V，输出最大功率 15W。

3.5　PWM 信号输出可调模块

任务：设计一个 PWM 信号输出可调的控制模块，输入输出无隔离，可带直流灯、直流电机等负载，实现负载的无级调光、调速。

要求：输入工作电压直流 7～16V，模块工作电流小于 200mA，输出占空比

宽于 10%～90%可调，输出方式采用 2.54 接线端子输出，画出电路原理图和 PCB图。

3.5.1　原理与方案

　　方案一，分立电子元件组成(主芯片 NE555)的 PWM 模块。

　　555 定时器可工作在三种工作模式下。

　　(1)单稳态模式：555 功能为单次触发。应用范围包括定时器、脉冲丢失检测、反弹跳开关、轻触开关、分频器、电容测量等。

　　(2)多谐振荡器模式：555 以振荡器的方式工作。这一工作模式下的 555 芯片常被用于频闪灯、脉冲发生器、逻辑电路时钟、音调发生器、PWM 等电路中。

　　(3)双稳态模式(或称施密特触发器模式)：在 DIS 引脚空置且不外接电容的情况下，555 的工作方式类似于一个 RS 触发器，可用于构成锁存开关。

　　方案二，专用 PWM 集成电路产生 PWM 信号的模块。

　　专用 PWM 集成芯片较多，典型的如 KA3525、SG3525、TL494、KA7500 等。这些芯片除了有 PWM 信号发生功能，还有"死区时间"调节功能、过流过压保护功能等。这种专用 PWM 集成芯片可以减轻单片机的负担，工作更可靠。

　　SG3525 是一种性能优良、功能齐全和通用性强的单片集成 PWM 控制芯片，SG3525 是电流控制型 PWM 控制器，电流控制型脉宽调制器是接反馈电流来调节脉宽的。在脉宽比较器的输入端直接用流过输出电感线圈的信号与误差放大器输出信号进行比较，从而调节占空比使输出的电感峰值电流跟随误差电压的变化而变化。如果用于稳压电源的设计，由于电路结构上可以构成输出电压采集的闭环，再加控制芯片的电流环，形成双环系统，因此，开关型稳压电源的电压调整率、负载调整率和瞬态响应特性都有提高。

　　方案三，单片机输出 PWM 信号。

　　单片机输出 PWM 信号分成两类：一类是纯软件方式；另一类是利用单片机内部的 PCM 模块。

　　纯软件方式利用单片机的一个 I/O 引脚，通过单片机内部的定时器对该引脚不断地输出高低电平来实现 PWM 波输出。利用单片机内部 PCM 模块，利用内置集成 PWM 控制器的单片机，通过初始化设置对相关寄存器赋值，在固定的引脚自动地输出 PWM 波，只有在改变占空比时 CPU 才进行干预。

3.5.2　分立电子元件组成的 PWM 设计

　　主芯片采用 NE555 芯片多谐振荡器模式，构成可调脉冲输出电路，原理图见图 3-8。

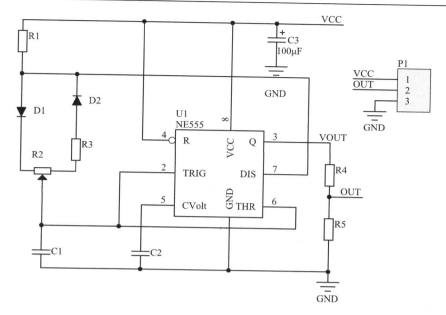

图 3-8　NE555 构成的可调脉冲输出电路

555 定时器是一种多用途的数字-模拟混合集成电路。它内部包括两个电压比较器，三个 5kΩ 的等值串联分压电阻，一个 RS 触发器，一个放电管 T 及功率输出级，两个基准电压 $\frac{1}{3}V_{CC}$ 和 $\frac{2}{3}V_{CC}$。

引脚：Pin1 接地 GND，Pin2 触发点 TRIG，Pin3 输出 Q，Pin4 重置 R，Pin5 控制 CVolt，Pin6 重置锁定 THR，Pin7 放电 DIS，Pin8 电源 VCC 正电压端。

最大输出电流：225mA，输出频率 10kHz(改变电容可以改变 C1 频率)，单路信号输出。输出占空比约为 50%的波形，电位器调节输出占空比。

该电路接通电源后，假定 VOUT 是高电平，给电容 C1 充电，充电回路是 VCC-R1-D1-αR2-C1-GND，C1 电压按指数规律上升，其中 α 为电阻 R2 的调制度，当 C1 电压上升到 $\frac{2}{3}V_{CC}$ 时(TH、TR 端电平大于 $\frac{2}{3}V_{CC}$)，输出 VOUT 翻转为低电平。VOUT 是低电平，C1 放电，放电回路为 C1-$(1-\alpha)$R2-R3-D2-GND，C1 电压按指数规律下降，当 C1 电压下降到 $\frac{1}{3}V_{CC}$ 时(TH、TR 端电平小于 $\frac{1}{3}V_{CC}$)，VOUT 输出翻转为高电平，电容再次充电，如此周而复始产生振荡，经分析可得以下关系。

输出高电平时间：

$$t_{H} = 0.7(R_{1} + \alpha R_{2})C_{1} \tag{3-8}$$

输出低电平时间：

$$t_L = 0.7[(1-\alpha)R_2 + R_3]C_1 \tag{3-9}$$

振荡周期：

$$T = t_H + t_L = 0.7(R_1 + R_2 + R_3)C_1 \tag{3-10}$$

输出方波的占空比：

$$D = \frac{t_H}{T} = \frac{R_1 + \alpha R_2}{R_1 + R_2 + R_3} \tag{3-11}$$

3.5.3　主芯片采用 SG3525 芯片可调脉冲输出设计

SG3525 是一种通用性强的单片集成 PWM 控制芯片。芯片内置基准电压源和振荡器，死区时间可调，频率可调，输出驱动为推挽输出形式（电流最大值可达 400mA）；内部含有欠压锁定电路、软启动控制电路、内置脉宽调制电路，有过流保护功能，同时能限制最大占空比。

SG3525 芯片为 16 引脚封装。1 脚和 2 脚为误差放大器反向和同向输入端；3 脚和 4 脚分别是振荡器外接同步信号输入和振荡器输出端；5 脚和 6 脚振荡器定时电容和定时电阻接入端；7 脚振荡器放电端；9 脚 PWM 比较器补偿信号输入端；10 脚外部关断信号输入端；13 脚输出级偏置电压接入端；引脚 14 和 11 脚是两路互补输出端；15 脚和 12 脚接入芯片工作电源；16 脚为基准电源输出端（5.1V±1.0%），基准电压采用了温度补偿，而且设有过流保护电路。

由 SG3525 构成的可调脉冲输出电路如图 3-9 所示。工作电源 VCC 的电压值为直流 8～12V，最大工作电流 200mA，通过光电耦合器 U3 的输出信号电压为 5V。由 R2、R4、C4、R10 和 SG3525 内部电路构成锯齿波电路，调节 R4 可以调节锯齿波的频率，可调 100～10kHz。R3 调节给定电压，输入到 SG3525 内部完成比较，产生 PWM 信号，占空比可调（0～100%）。

使用 LM2576-5 芯片，产生 5V 辅助电源，为开关管提供驱动电压。该 5V 电源也可以使用 LM7805 芯片产生，使用的器件更少，但电源的效率降低。发光二极管 D2 提供 5V 电压正常的指示。

如果要驱动大功率直流电机，将光电耦合器输出信号功率放大，MOS 管更换为 IGBT 器件。

3.5.4　主芯片采用 51 单片机可调脉冲输出设计

1）纯软件输出方式

软件输出 PWM 方式有两种实现方式：一种是软件延时方式；另一种是使用

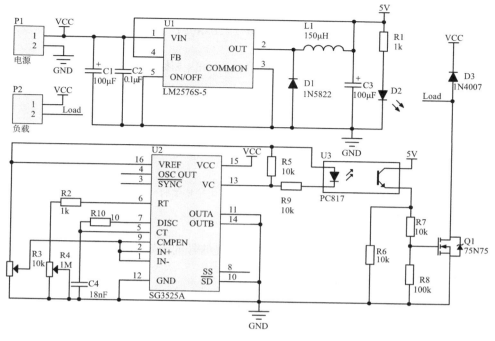

图 3-9　由 SG3525 构成的可调脉冲输出电路

中断的方式。软件延时方式对脉冲宽度控制时，耗费单片机 CPU 的时间，不利于执行其他任务。

　　为保证软件在定时中断时采集其他信号，并且使发生 PWM 信号的程序不影响中断程序的运行，需要将采集信号的函数放在长定时中断过程中执行，即"运行其他中断处理"，软件流程如图 3-10 所示。

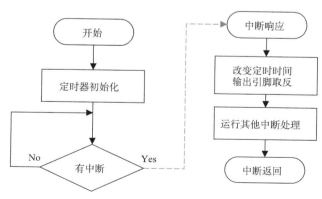

图 3-10　PWM 流程图

使用 T0 定时器定时中断实现 PWM 的主要中断程序如下:

```
void T0_interrupt()interrupt T0_INTERRUPT
{
   TF0=0;                          //清T0的溢出中断标志位
   if(Port_PWM == 1){
     Port_PWM = 0;
     TH0 = PWMH_H;                 //设置低电平持续时间
     TL0 = PWMH_L;  }
   else {
     Port_PWM = 1;
     TH0 = PWML_H;                 //设置高电平持续时间
     TL0 = PWML_L;  }
}
```

程序中仅产生 PWM 信号,没有添加采集信号的函数。

2) 利用单片机中的 PWM 控制器

当使用 STC12C5A60S2 系列单片机时,该单片机集成了两路可编程计数器阵列(PCA)模块,可用于软件定时器、外部脉冲的捕捉、高速输出及 PWM 输出。

所有 PCA 模块都可用作 PWM 输出。输出频率取决于 PCA 定时器的时钟源。由于所有模块共用仅有的 PCA 定时器,所以它们的输出频率相同。各个模块的输出占空比是独立变化的,与使用的捕获寄存器[EPCnL,CCAPnL]有关。当寄存器 CL 的值小于[EPCnL,CCAPnL]时,输出为低;当寄存器 CL 的值等于或大于[EPCnL,CCAPnL]时,输出为高。

3.5.5 练习与发挥

(1) 本题目要求不变,使用高频变压器代替图 3-9 中的光电耦合器,设计一个控制电路和负载隔离的 PWM 信号输出可调模块。

(2) 本题目要求不变,将图 3-9 中光电耦合器去掉,重新设计电路。

(3) 用 UC3825 控制器芯片构成 PWM 信号输出可调模块。

(4) 如果使用 STC89C52 单片机实现 PWM 信号控制直流电机的速度,重新设计电路,编写单片机控制软件。

3.6 声控光控延时开关模块

任务:设计一个声、光控制延时开关电灯的模块。有光时,负载不接通电源;

无光无声时不接通负载电源；无光有声时，接通负载并延时断开负载电源。

　　要求：工作电压直流 4～16V，延时时间不少于 3s，外部连线采用旋转压接端子。可控制 150W 以下负载，最大负载电流 0.8A。

3.6.1　原理与方案

　　受控负载是一种典型的电源控制电路。声、光控制通常由 MIC 声传感器(拾音头)、光敏电阻采集。采集信号的处理使用模拟电路、数字电路产生一个判断信号。

　　时间延时可以使用 RC 延时电路、NE555 定时电路等实现。

　　负载采用无触点开关晶闸管控制，根据额定电流和最大反相耐压选择晶闸管的型号，如单向晶闸管器件 MCR1006-400V(0.8A)、BT169(400V1A)、BT151(500V12A)，双向晶闸管器件 MAC97A6(0.8A)、BT131(1A)、BT134(4A)、BT137(8A)等。

　　图 3-11 是一个声、光控制延时照明开关电路，使用分立元件 RC 放电电路产生时间延时。采用 CD4011 数字集成电路与分立元件构成控制电路，有声信号或者光信号时，产生一个低电平信号，经反相后控制晶闸管的导通，使得负载可以受控供电。

　　图中拾音头 Mic 获得声音信号，经电容 C1 后触发 Q1 到 Q1 的集电极，然后信号经过容阻电路产生脉冲传到 CD4011 的 1 脚，光敏电阻接至 CD4011 的 2 脚。

　　当有光时，CD4011 的 2 脚是低电平，无论 1 脚电平高低，晶闸管无控制信号。

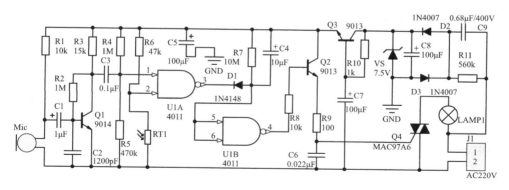

图 3-11　声、光控制延时照明开关电路图

　　当无光时，光敏电阻阻值变小，CD4011 的 2 脚变高，当拾音头检测到信号时，CD4011 的 1 脚变高，使 CD4011 的 3 脚变低，U1B 与非门输入端变为低电

平，反相后输出为高电平(4 脚)输至 Q2 基极；高电平信号经三极管(射随器)Q2
后接入晶闸管 Q4 的控制端，晶闸管 Q4 开通，负载通电。两级门电路之间的 R7
和 C4 控制延时时间，延时时间常数为 R7×C4。

　　MAC97A6 是 400V/0.8A 的 TO-92 双向晶闸管，更大的电流可以用 TO-220
封装的 BTA16-800、BTA12-600、BT136-600、BT139 等型号双向晶闸管。

　　如果需要控制大功率的负载，通常将负载回路和控制回路隔离，使用
MOC3021 作为可控硅的光电耦合器(光耦)实现隔离，电路如图 3-12 所示。
MOC3021 是摩托罗拉生产的即时触发型大功率隔离驱动器件。MOC3021 也可以
用 MOC3020、MOC3022、MOC3023 替代，几种型号的峰值电压都是 400V，只
是发光二极管的驱动电流不同。另外还有 MOC3041、MOC3061、MOC3081 等光
电耦合器，这些光电耦合触发器工作于过零触发方式。

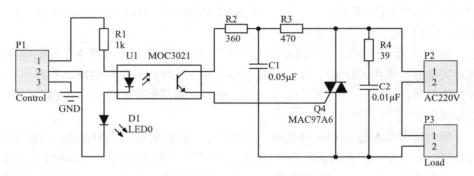

图 3-12　大功率的负载光耦隔离电路

3.6.2　晶闸管的使用

1)晶闸管的选型

　　普通晶闸管属于半控型电力电子开关器件，其衍生品因结构不同有多种用途。
晶闸管按其关断、导通及控制方式可分为单向晶闸管、双向晶闸管、门极关断晶
闸管、BTG 晶闸管、逆导晶闸管、温控晶闸管和光控晶闸管等多种，应根据应用
电路的具体要求合理选用，晶闸管主要用途如表 3-1 所示。

表 3-1　晶闸管主要用途

晶闸管类型	符号	主要用途
单向晶闸管	SCR	交直流电压控制、可控整流、交流调压、逆变电源、开关电源保护电路
双向晶闸管	TRIAC	交流开关、交流调压、线性调速调光、固态继电器、固态接触器等电路

续表

晶闸管类型	符号	主要用途
门极关断晶闸管	GTO	交流电动机变频调速、斩波器、逆变电源及各种电子开关电路
BTG 晶闸管	BTG	锯齿波发生器、长时间延时器、过电压保护器及大功率晶体管触发电路
逆导晶闸管	RCT	电磁灶、电子镇流器、超声波电路、超导磁能储存系统及开关电源
温控晶闸管	TT	温度探测器、温度报警器、温度电逻辑电路及自动生产线的运行监控电路
光控晶闸管	LTT	光电耦合器、光探测器、光报警器、光计数器、自动控制生产线监控电路

晶闸管的主要参数是额定电压和耐压(反向重复峰值电压或断态重复峰值电压)。应根据应用电路的具体要求而定,并留有一定的余量。晶闸管的额定电流设计时,除了考虑通过元件的平均电流,还应注意正常工作时导通角的大小、散热通风条件等因素。

2)晶闸管驱动与保护

晶闸管作为开关器件,当触发脉冲的持续时间较短时,脉冲幅度必须相应增加,同时脉冲宽度也取决于阳极电流达到擎住电流的时间。由于感性负载的存在,应考虑加大触发脉冲宽度,否则晶闸管在阳极电流达到擎住电流之前,触发信号减弱,可能会造成晶闸管不能正常导通。

在关断时,感性负载两端会产生很大的反电势。这个异常电压加在晶闸管两端,容易引起晶闸管损坏。为了防止这种情况,通常采用浪涌电压吸收电路,采用并联 RC 吸收电路的方法。因为电容两端的电压不能突变,只要在晶闸管的阴极及阳极间并联 RC 电路,就可以削弱过电压,起到保护作用,也可以采用压敏电阻过压保护元件进行过压保护。

晶闸管在使用中发生过流或短路现象时,会将管子烧毁。对于过电流,一般可在交流电源中加装快速保险丝加以保护。快速保险丝的熔断时间极短,一般保险丝的额定电流用晶闸管额定平均电流的 1.5 倍来选择。

电流为 5A 以上的晶闸管要装散热器冷却,并且保证管子工作时的温度不超过规定的结温。5A 以下晶闸管不需要加散热片,但应远离发热元件,如大功率电阻、大功率三极管以及电源变压器等。

晶闸管串联可以提高晶闸管的耐压能力,晶闸管并联可以提高晶闸管的过流能力。串并联元件的静态伏安特性和动态参数不同,将引起各元件间电压分配不均匀而导致发生损坏器件的事故,串并联器件尽可能使用相同型号和批次的晶闸管。要考虑晶闸管的工作温度平衡、工作条件平衡,串联要考虑均压问题,并联要考虑均流问题。

3.6.3　光电耦合器的使用

光电耦合器是以光信号为介质的电信号变换器件。光电耦合器一般制成管式或双列直插式结构，由于发光器件和光敏器被相互绝缘地分置于输入和输出回路，故可实现两路间的电气隔离。

光电耦合器大致分为三类。第一类是光隔离器，它是把发光器件和光敏器件对置在一起构成的，可用它完成电信号的耦合和传递。第二类是光传感器，它有反光式和遮光式两种，可测量物体的有无、个数和移动距离等。第三类是集成光电耦合器，把发光器件、光敏器件和双极型集成电路组合在一起的集成功能块。在电源电路中常用集成光电耦合器。

集成光电耦合器又分为两种：一种为线性光电耦合器；另一种为非线性光电耦合器。

常用的线性光电耦合器有 PC816A、PC817 和 NEC2501H 等，这些光电耦合器在开关电源的电压隔离反馈电路中经常使用。由于开关电源在正常工作时的电压调整率不大，通过对反馈电路参数的适当选择，就可以使光电耦合器件工作在线性区。但由于这种光电耦合器只是在有限的范围内线性度较高，所以不适合使用在对测试精度以及范围要求较高的场合。PC816A、PC817 结构简单，输入侧有一只发光二极管，输出侧有一只光敏三极管；而 6N137、HCPL2601 等光电耦合器，输入侧发光管采用了新型发光材料，输出侧为门电路和肖特基晶体管构成，使工作性能大为提高。

常用的 4N 系列(如 4N25/4N35/4N26/4N36 等)光电耦合器是非线性的，此类器件呈现开关特性，其线性度差，适宜传输数字信号(高、低电平)，因此不在开关电源中使用，用于电气隔离、电平转换、阻抗转换电路。

光电耦合器使用注意事项如下。

(1)光电耦合器既可用来传递模拟信号，也可作为开关器件使用，也就是它具有变压器和继电器的功能。另外，光电耦合器的体积小、重量轻、寿命长、开关速度比继电器快，且无触点、耗能少。与变压器相比，其工作频率范围宽，耦合电容小，输入输出之间绝缘电阻高，能实现信号的单方向传递。

(2)线性光电耦合器，为电流驱动型器件，要有一定的电流驱动强度。

(3)当电路需要多个光电耦合器件时，要尽量采用多光耦器件，保证多个光耦之间特性趋于一致，如 PC817/ PC827/ PC837/ PC847 分别有 1/2/3/4 个通道。

(4)注意光电耦合器的开关速度，有高速和普通速度的区分。

3.6.4　继电器的使用

继电器是一种可控开关装置，在电路中起信号或阻抗转换、扩大控制范围、安全保护等作用。

继电器种类很多，如果按继电器的工作原理或结构特征分类，有电磁继电器、固体继电器、温度继电器、舌簧继电器、时间继电器、高频继电器、光继电器、声继电器、热继电器、仪表式继电器、霍尔效应继电器、差动继电器等。

电磁继电器是最常见的继电器，它是利用电磁铁控制工作电路通断的开关。结构上主要有电磁铁、衔铁、弹簧、常开触点、常闭触点。继电器线圈未通电时处于断开状态的静触点，称为常开触点；处于接通状态的静触点称为常闭触点。

电磁继电器的工作原理，在线圈两端加上一定的电压，线圈中就会流过一定的电流，从而产生电磁效应，衔铁就会在电磁力吸引的作用下克服返回弹簧的拉力吸向铁心，从而带动衔铁的常开触点吸合。当线圈断电后，电磁的吸力也随之消失，衔铁就会在弹簧的反作用力下返回原来的位置，使常闭触点释放。这样吸合、释放，从而达到在电路中的导通、切断的目的。

继电器的使用注意事项如下。

(1)控制电路的电源电压和提供的最大电流，作为电磁铁线圈选取的主要依据。控制电路应能给继电器提供足够的工作电流，电流的大小要根据线圈阻抗确定，否则继电器吸合是不稳定的。

(2)受控电路中的电压和电流，作为触点电流选取的主要依据。注意触点吸合和断开瞬间对电路的电脉冲影响，为克服继电器线圈产生的感应电动势，常常在继电器线圈两端反向并联二极管释放继电器线圈产生的电动势。

(3)受控电路的数量与触点个数适当，够用即可。选用敞开式继电器还是密封继电器要根据需求确定，对于小功率电源多使用小型、超小型密封继电器。

(4)注意继电器的体积，主要考虑电路板安装布局和电路的体积。注意继电器的噪声干扰，是否产生不良影响。

3.6.5　练习与发挥

(1)对图 3-11 电路添加触摸控制功能，使电路具有声、光、触摸控制功能。当有触摸信号时，无论是否有声、光信号，都将负载供电开关接通。

(2)用 NE555 作为定时器代替图 3-11 电路中的 RC 延时控制，使延时时间精确可调，重新设计电路。

(3)使用单向晶闸管如何实现本题目要求的声光延时控制？重新设计电路。

(4)输出回路中的晶闸管改为继电器，需要做哪些相应改动？重新设计电路。

3.7　离网方波逆变器

任务: 设计离网型逆变器电路,次级交流方波输出。

要求: 输入电压为 12V 蓄电池,输出交流方波电压 220V,最大输出电流 0.1A。具有电源开关和指示,熔断器保护蓄电池过流,输入使用接线柱,输出采用交流电 2 芯插座。仅使用工频、高频变压器,其设计可参考相关资料。

3.7.1　原理与方案

逆变器是一种把直流电能(电池、蓄电瓶)转变成交流电(一般为 220V、50Hz 正弦波或方波)的装置。在突然停电时,将蓄电池里的直流电逆变为交流供电子设备使用。

推挽式开关电源电路,原理图见图 1-10,通过控制两个开关管,以相同的开关频率使两个开关管交替导通,且每个开关管的占空比均小于 50%,留出一定死区时间以避免 S1 和 S2 同时导通。推挽逆变电路将输入的直流低电压通过升压变压器变为工频交流方波高电压,经过滤波后得到交流电。升压变压器直接使用工频变压器(具有两组低压交流输出的变压器),如 220V 变双 12V30W 整流用工频变压器,但是该变压器体积大、效率低、价格也较高。

升压变压器也可用高频变压器,获得高压直流电,再逆变成交流电。当输入的直流电压下降时,逆变器可以通过增加 S1 和 S2 导通时间 T_{on} 来维持输出电压恒定。当直流输入电压下降到最小值时,导通时间 T_{on} 最大。

在推挽电路中,最大导通时间 T_{on} 不能超过开关周期的一半,即开关管的占空比小于 50%(最大值)。否则,由于 S1 和 S2 存在延迟时间,这会导致 S1 和 S2 的导通时间重叠,使电源短路损坏开关管。另外,为了保证一个周期内磁芯可以复位,通常要采用箝位电路,限制导通时间 T_{on} 降低至不超过开关周期的 40%。

3.7.2　关键设计

推挽逆变器电路如图 3-13 所示,可以将 12V 直流电源电压逆变为 220V 方波交流电压。电路主要由三块组成,包括驱动信号发生电路、逆变推挽主电路、自供电稳压电路。

驱动信号发生电路产生 50Hz 的信号,驱动两个开关管工作。电路由 Q2 和 Q3 组成多谐振荡器,再通过 Q1 和 Q4 驱动控制 Q5 和 Q6 工作。

逆变推挽主电路由 Q5、Q6、T1 组成。Q5、Q6 作为开关管控制 T1 的初级线圈是否通电。在制作时,变压器可选常用的双 12V 输出市电变压器。

　　自供电稳压电路由 Q7、R10 与稳压管 D2 构成，振荡电路的供电由此电路完成，可以使振荡电路输出频率比较稳定。稳压管 D2 是提供基准电压的器件，稳压电路输出的电压值由 D2 的稳压值决定。

　　在图 3-13 中，还有电源指示二极管 D3 和短路熔断保护器 F1。

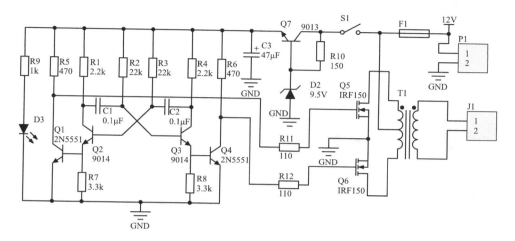

图 3-13　推挽逆变器电路图

　　产生振荡信号的方法很多，如定时器 NE555 和触发器电路 CD4013 组合构成驱动信号的逆变电路。定时器 NE555 构成振荡器，频率可以调节。CD4013 的供电范围为 0～20V，NE555 的供电电压范围为 0～16V。可以直接给 CD4013 和 NE555 使用 12V 供电，因此，可以省去图 3-13 中的稳压电路。

　　使用二级 PWM 控制的逆变电路原理图如图 3-14 所示，T1 为高频变压器，U1、U3 为 PWM 控制器 SG3525A。U1 振荡频率高，变压器 T1 的体积比同功率工频变压器小。U1、T1、Q3、Q4 组成推挽式升压电路，T1 次级电压经 D5～D8 桥式整流电路产生直流母线电压 DC_Link。Q5～Q8 构成桥式逆变电路，U3 振荡频率为工频，Q5 和 Q7 的控制极包含自举电路。U2 为辅助电源电路，P4 为 12V 蓄电池的输入端口，P5 为交流输出端口。P5 接电源滤波器，可以获得正弦波交流电。

3.7.3　基准电源

1) 基准电源电路分析

　　基准电源在电路中关系到电路工作电压的稳定，是一个重要的器件。这种基准器件分为串联型和并联型两种。一般有如下三种获得方式：使用稳压管、使用集成的基准电源器件、使用芯片内部基准电源。

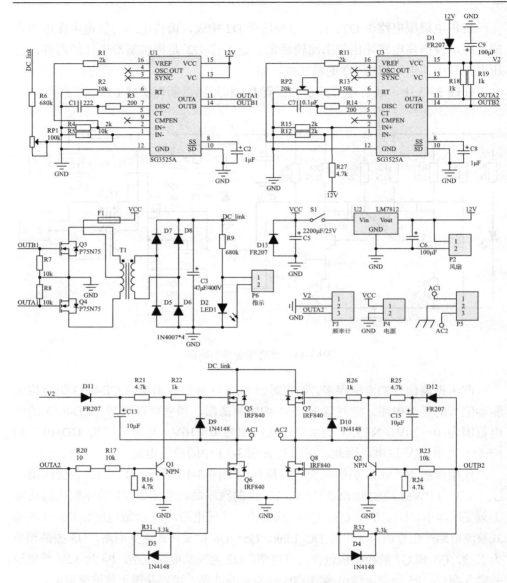

图 3-14　二级 PWM 控制的逆变电路原理图

本题目使用的基准电源是第一种方式，这种方式比较方便，控制精度比较差。第二种可达到比较精密的控制调节效果，建议采用这种方式。第三种需要芯片内部自带基准电源，灵活性差。

用 iF、iQ、iL 分别表示输入电源的电流、流过基准电源器件的电流、负载电流。Ui 和 Uo 分别是输入电压和基准电源输出电压。

并联基准电路如图 3-15(a)所示，并联基准与负载是并联的。当负载电流发生变化时，通过调节 iQ 来保持 Uo 稳定。

$$U_o = U_i - i_F \cdot R = U_i - (i_Q + i_L) \cdot R \tag{3-12}$$

并联基准器件有稳压二极管、LM358、AD589 等。稳压二极管的稳压值很多，可根据需要选取，如 1N4625/0.5W5.1V、1N4101/0.5W8.2V、1N4739/1W9.1V。

串联基准电路如图 3-15(b)所示，串联基准与负载是串联的。当负载电流发生变化时，通过调节 R2（调节 R2，R1 同时变化，因为 $R = R_1 + R_2$）来保持 Uo 稳定。

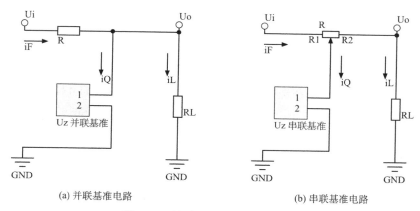

(a) 并联基准电路   (b) 串联基准电路

图 3-15   并联基准与串联基准电路

串联基准器件有 AD581、REF192 等。

2）基准电源器件 TL431

TL431 是一个有良好热稳定性能的精密三端并联稳压器，在恒压源、恒流源、开关电源等电路中被广泛采用。如图 3-16 所示，左图是 TL431 的符号，右图是其内部结构。TL431 内部由 2.5V 的精密基准电压源、电压比较器和一个输出开关管等组成，外部 3 个引脚分别是阴极(CATHODE)、阳极(ANODE)和参考端(REF)。它的输出电压用两个电阻就可以设置从 Uref(2.5V)到 36V 的任何值。该器件的另一个特点是动态阻抗小，典型动态阻抗为 0.2Ω。

图 3-16 中，Uref 是内部的 2.5V 基准源，接在运放的反相输入端。由运放的特性可知，只有当 REF 端(同相端)的电压非常接近 Uref 时，三极管中才会有一个稳定的非饱和电流通过，而且随着 REF 端电压的微小变化，通过三极管的电流在 1～100mA 变化。当在 REF 端引入输出反馈时，器件可以通过从阴极到阳极很宽范围的分流，控制输出电压。如图 3-17(a)所示的电路，输出电压为

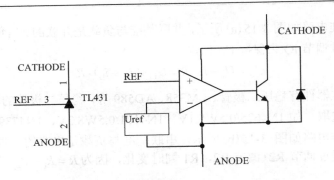

图 3-16 　TL431 符号和结构

$$U_{\mathrm{o}} = \left(1 + \frac{R_1}{R_2}\right)U_{\mathrm{ref}} \tag{3-13}$$

选择不同的 R_1 和 R_2 的值可以得到 $2.5 \sim 36$V 范围内的任意电压输出，特别地，当 $R_1 = R_2$ 时，$U_{\mathrm{o}} = 5$V。在选择电阻时要注意的是必须保证 TL431 工作的必要条件，通过阴极的电流大于 1mA。一般地，在阴极和参考端之间，可以接入 R、C 串联网络，作为相位补偿。

图 3-17(a) 是一个典型的恒压参考源电路，Uo 为稳定输出的电压。将图 3-17(a) 电路稍加改动，就可以得到很多实用的电源电路，如图 3-17(b) 是一个简单的 + 5V 稳压电源，输出电流大于图 3-17(a) 电路的输出电流。

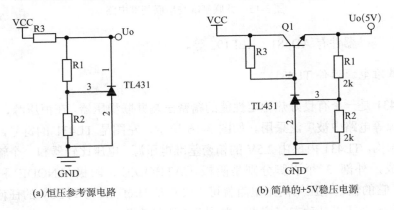

(a) 恒压参考源电路　　　　　　　　　　　(b) 简单的+5V稳压电源

图 3-17 　TL431 应用电路

3.7.4 　过压保护

过压保护器件用于保护后续电路免受负载或瞬间高压的破坏，常用的过压保护器件有压敏电阻、瞬态电压抑制器(TVS)、陶瓷气体放电管等。从工作原理上看，三者工作原理不同。压敏电阻器基于氧化锌晶粒间的势垒作用，TVS 基于二极管雪崩效应，气体放电管则是基于气体击穿放电。

1）压敏电阻

压敏电阻是具有非线性伏安特性的电阻器件，是一种用得最多的限压器件。该器件在电路承受过压时进行电压箝位，吸收多余的电流以保护敏感后续电路。

压敏电阻阻值与两端施加的电压有关，当加到压敏电阻上的电压在其标称值以内时，阻值呈现无穷大状态，几乎无电流通过。当压敏电阻两端的电压略大于标称电压时，压敏电阻迅速击穿导通，其阻值很快下降，处于导通状态。当电压减小至标称电压以下时，其阻值又开始增加，压敏电阻又恢复为高阻状态。当压敏电阻两端的电压超过其最大限制电压时，它将完全击穿损坏，无法自行恢复。

压敏电阻的响应时间为 ns 级，比气体放电管快，比 TVS 稍慢一些。压敏电阻的结电容一般在几百到几千 pF 的数量级范围，很多情况下不宜直接用在高频信号线路的保护中，用在交流电路的保护中时，因为其结电容较大会增加漏电流。

压敏电阻器使用时的一些注意事项：压敏电阻器常常与被保护器件或装置并联使用；压敏电阻的标称电压要高于其所在电路的工作电压，直流电为电压最大值，交流电为电压峰值，包括电路工作电压的波动，并留有一定的余量。

2）TVS

TVS 是一种二极管形式的高效能保护器件，它的电路符号与普通稳压二极管相同，正向特性与普通二极管相同，反向特性与典型的 PN 结雪崩器件相同。TVS 具有响应时间快、瞬态功率大、漏电流低、击穿电压偏差小、箝位电压较易控制、无损坏极限、体积小等优点。

TVS 可以按极性分为单极性和双极性两种，若按封装及内部结构可分为：轴向引线二极管、双列直插 TVS 阵列（适用多线保护）、贴片式、组件式和大功率模块式等。

TVS 使用时的注意事项如下：TVS 额定反向关断应大于或等于被保护电路的最大工作电压；TVS 的最大箝位电压应小于被保护电路的损坏电压；TVS 的最大峰值脉冲功耗必须大于被保护电路内可能出现的峰值脉冲功率；根据用途选用TVS 的极性及封装结构，直流电电路选用单极性 TVS，交流电路选用双极性 TVS，多线保护选用 TVS 阵列。

3）陶瓷气体放电管

陶瓷气体放电管属于开关器件，用于共模电路中将雷电流泄放入地，也可用在差模电路中与压敏电阻串联而阻断其漏电流。在防雷器中常用于第一级泄放浪涌电流，由于其反应速度慢，还要有第二级限压保护。

陶瓷气体放电管使用时注意事项：陶瓷气体放电管不能直接用在电源上做差模保护；击穿电压要大于线路上最大信号电压；耐电流不能小于线路上可能出现的最大异常电流；还有脉冲击穿电压须小于被保护线路电压。

另外，集成过压保护电路，如 MAX6495、MAX6397，用于保护后续电路免受负载或瞬间高压的破坏。器件通过控制外部串联在电源线上的 n 沟道 MOS 管实现。当电压超过用户设置的过压阈值时，保护电路输出低电平，控制 MOS 管关断，将负载与输入电源断开。集成过压保护电路可调过压阈值，使用方便，如 MAX6495、MAX6397 电路可工作在较宽的 5.5～72V 范围内，内置电荷泵电路，适用于汽车和工业等应用中的大电压跳变系统。

3.7.5　练习与发挥

（1）定时器 NE555 和触发器电路 CD4013 组合构成驱动信号的逆变电路，交流电方波的频率 30～60Hz 可调，设计逆变电路。

（2）用非门 CD4069 集成电路构成振荡电路，产生开关管驱动信号，设计本题目要求的工频推挽逆变电路。

（3）用单稳态 CD4047 集成电路构成振荡电路，产生开关管驱动信号，设计本题目要求的工频推挽逆变电路。

3.8　离网正弦波逆变器

任务：设计离网型逆变电器，采用工频变压器，逆变采用桥式电路，输出电压交流正弦波，使用单相纯正弦波逆变器的驱动板 EGS002。

要求：输入电压为 12V 蓄电池，输出电压正弦波交流电，最大输出电流 0.5A。具有输出电压指示，四周有固定安装孔，外部连线采用栅栏式端子。

3.8.1　原理与方案

逆变器，按照输出波形分类，分为方波输出、修正弦波输出和纯正弦波输出三种。方波输出的逆变器效率高，对于采用交流电供电的电器，除少数电器外大多数电器都可以用方波逆变器供电。但是如果是正弦波输出的逆变器，则其输出的电能可以满足所有交流电设备，但存在效率降低的缺点。

EGS002 是一款专门用于单相纯正弦波逆变器的驱动板。驱动板采用单相纯正弦波逆变器专用芯片 EG8010 为主芯片，驱动芯片采用 IR2110S。驱动板上集成了电压、电流、温度保护功能，LED 告警显示功能及风扇控制功能，并可通过跳线设置 50/60Hz 输出，软启动功能及死区大小调节。

EG8010 是一款数字化的、功能很完善的自带死区控制的纯正弦波逆变发生器芯片，产生 SPWM 波形，应用于 DC-DC-AC 级功率变换架构或 DC-AC 单级工频变压器升压变换架构，外接 12MHz 晶体振荡器，能实现高精度、失真谐波很小的纯正弦波。该芯片采用 MOS 工艺，内部集成了 SPWM 正弦波发生器，引脚功能见表 3-2。

表 3-2 EG8010 的引脚功能

引脚	名称	作用	引脚	名称	作用
1	DT1	死区设置第 1 位	17	VREF	5V 基准电压
2	DT0	死区设置第 0 位	18	FRQSEL0	频率模式设置第 0 位
4	RXD	串口通信数据接收	19	FRQSEL1	频率模式设置第 1 位
5	TXD	串口通信数据发送	20	MODSEL	极性模式选择
6	SPWMEN	SPWM 使能	21	SST	软启动
7	FANCTR	风扇控制	24	LCDCLK	LCD 时钟
8	LEDOUT	LED 输出指示	25	LCDDI	LCD 数据
9	PWMTYP	PWM 输出类型选择	27	SPWMOUT1	右桥臂上管 SPWM
10	OSC1	振荡器引脚 1	28	SPWMOUT2	右桥臂下管 SPWM
11	OSC2	振荡器引脚 2	29	SPWMOUT3	左桥臂上管 SPWM
13	VFB	电压反馈	30	SPWMOUT4	左桥臂下管 SPWM
14	IFB	电流反馈	31	LCDEN	LCD 允许
15	TFB	温度反馈	32	VVVF	变压变频模式
16	FRQAD/VFB2	调频功能/电压反馈 2			

IR2110S 是一种大功率 MOS 管和 IGBT 专用栅极驱动集成电路，已在电源变换、马达调速等功率驱动领域中获得了广泛的应用。该电路芯片体积小(DIP-14、SOIC-16)，集成度高(可驱动同一桥臂的上下两管)，响应快，偏置电压高(<600V)，驱动能力强，内设欠压封锁，而且其成本低，易于调试，并设有外部保护封锁端口。尤其是上管驱动采用外部自举电容上电，使得驱动电源路数较其他集成电路驱动显著减少。

3.8.2 关键设计

EGS002 是将 EG8010 和 IR2110S 集成到一个小的电路板上，制成一体化的模块，可以方便逆变电路的设计和调试。EGS002 模块单相纯正弦波逆变电路(单极性调制方式)方案如图 3-18 所示。其中 P1 是 EGS002 模块的接口，共17 引脚。

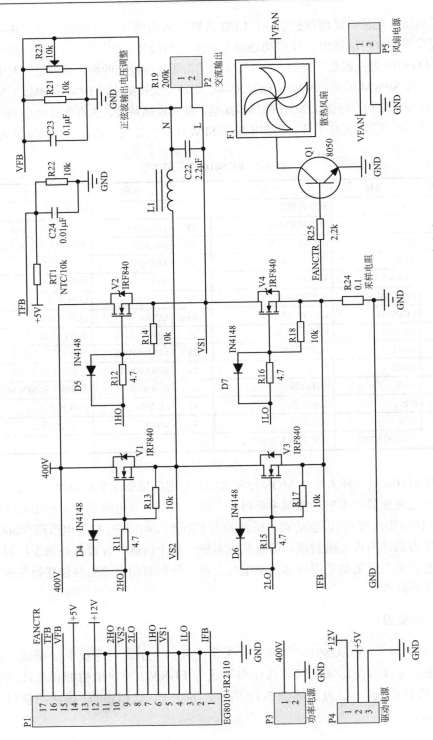

图 3-18 基于 EGS002 模块的单相纯正弦波逆变电路

　　对于 4 个电力开关管所构成的全桥逆变电路，在 EGS002 模块中采用 2 片 IR2110 驱动 2 个桥臂，仅需要一路 10～20V 的电源，从而显著减小了控制变压器的体积和电源数目，降低了产品成本，提高了系统的可靠性。

　　在 EGS002 模块中，有 SPWM 产生电路 (EG8010)，共产生 4 路 SPWM 信号，再通过 2 个 IR2110 芯片隔离，经信号调理电路输出到模块的 10 脚、6 脚、8 脚、3 脚。模块内部有 5V 集成稳压电路，为自身电路供电。将外部的电压反馈 VFB、电流反馈信号 IFB、温度反馈信号 TFB 输入 EGS002 模块进行判断，将判断结果送入 EG8010 和 IR2110，如果过流和过热，应立即停止 IR2110 的工作，阻止输出 PWM 信号，起到保护的作用。EG8010 还产生风扇控制信号 DANCTR，启动外部风扇运行，降低桥式电路开关管的温度。EG8010 支持大部分主控芯片为 ST7920 的液晶显示器。

　　EGS002 内部详细的结构和工作过程详见 EG8010 相关技术文档。

　　在图 3-18 中，纯正弦波逆变电路共有三个电源接口：功率电源接口 P3、驱动电源接口 P4 及风扇电源接口 P5。

　　(1) 功率电源主要为逆变全桥电路供电 (300～400V)，为逆变输出提供电能。工作在高频模式时，功率电源为一组高压直流电源，若要逆变输出交流 220V，则输入的直流功率电压须在 330～450V，高压直流电源可采用高频变压器 DC-DC 升压得到。工作在工频模式时，功率电源为一组低压直流电源，通常电压不大于 60V，可采用电池组或其他直流电源供电。

　　(2) 驱动电源主要为 SPWM 控制电路和功率管驱动电路供电，输入电压为 +12V、+5V。工作在高频模式时，由于功率电源电压通常在 330V 以上，所以必须使用另外一组 +12V 和 5V 的直流电源单独为驱动电路供电。工作在工频模式时，可使用功率电源通过降压电路供电，也可外接辅助电源供电。

　　(3) 风扇电源主要为散热风扇提供电源，由于散热风扇的工作电压不同，一般风扇电源需要外接。

　　交流输出接口 P2，PCB 板上的 LC 滤波电路 (L1、C22) 可以省去，滤波电感 L1 用粗铜丝短路，滤波电容 C22 不焊，外接电源滤波器，输出交流电。如果输出的交流电幅值小，还可以使用工频变压器将低压电升高。

3.8.3　电源滤波器

　　电源滤波器可以对电源线中特定频率的频点或该频点以外的频率进行有效滤除，得到一个特定频率的电源信号，或消除一个特定频率后的电源信号。

　　常用电源滤波法包括无源滤波、有源滤波以及混合滤波。电源滤波器分为无源电源滤波器、有源电源滤波器。对于有源滤波或校正技术，其滤波效果好，但技术复杂、成本较高，使用和推广有一定的难度。无源滤波技术发展最早，在抑制设备谐波方面效果较好，好的无源滤波方式，不仅可以抑制谐波电流，还具有无功补偿功能。

无源电源滤波器一般都设计为只有电阻、电容及电感组成的 LC、RC 等滤波器。

对于直流电源线的滤波，可以使用图 3-19 所示电路，该电路具有较好的抗共模和差模干扰的特性。V1 和 V2 分别是直流电源的进线，Vo1 和 Vo2 分别是直流电源的出线。

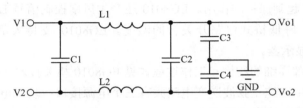

图 3-19　直流电源滤波电路

对于单相交流电的滤波电路，可以使用图 3-20 所示电路，该电路由两级共模加一级差模滤波电路构成，电磁干扰抑制特性得到增强。内部节点保持在相对稳定的阻抗上，对源和负载的阻抗依赖较小，滤波性能稳定，能有效抑制功率开关管动作时对电网产生的宽频电磁干扰，有效抑制连续或间隙性脉冲干扰。

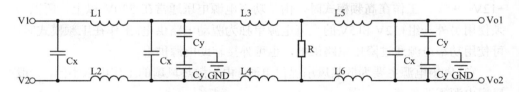

图 3-20　单相交流电滤波电路

电源滤波器使用注意事项如下。

(1) 安装位置，滤波器安装的最佳位置应在电源线入口处，缩短输入线的长度，减少辐射干扰的空间耦合。

(2) 滤波器的接地必须良好。对于金属外壳的滤波器，外壳必须与设备机箱进行低阻抗连接。

(3) 滤波器的输入线、输出线必须拉开距离，切忌并行走线，以避免输入线缆和输出线缆间发生耦合而造成滤波器失效。

3.8.4　练习与发挥

(1)如何减小交流电输出所携带的高次谐波？无源电力滤波器如何选择和设计？

(2)为了减小逆变电路在通电时出现开关管烧坏的可能,需要在设计和调试时采取哪些预防措施？设计相应的保护电路。

(3)设计离网型逆变电器,输入 12V 蓄电池 200A·h,设计输出单相交流电 220VAC,功率小于 300W 的离网型逆变器,要求后级采用工频变压器,逆变采用桥式电路。

第 4 章　光伏变流与控制

4.1　光伏组件的升降压输出电路

任务：使用一块 18V/20W 多晶硅光伏组件作为能源，设计一个输入电压为 10～25V、输出电压稳定在 12V 的升降压电路。

要求：升降压电路的最大输入电流 3A，输出最大电流 2.7A 以上。纹波电压<5%，电流波动<1A。具有输出信号指示，四周有固定安装孔，外部连线采用栅栏式 11mm 端子。

4.1.1　原理与方案

一般光伏组件输出电压波动较大，而 Buck 变换电路或 Boost 变换电路只能进行降压或升压变换，受此影响，光伏电池不能在大范围内完全工作于最大功率点，从而造成系统效率下降。同时，Buck 变换电路输入电流纹波较大，如果输入端不加一个储能电容就会使光伏电池工作在断续状态，从而导致光伏电池输出电流时断时续，不能处于最佳工作状态。而 Boost 变换电路输出电流纹波较大，用此电流对蓄电池进行充电，不利于蓄电池的使用寿命；升降压变换电路同时具有升压和降压功能，将升降压变换电路应用于光伏系统充电控制器中，可以在较大范围内实现最大功率点跟踪，有利于系统效率的提高。

方案一，升压电路和降压电路组合。

LM2577 构成升压电路，LM2576 构成降压电路，实际上就是一级升压串一级降压（也可以先降压后升压），前级升压到 30V 左右 后级再从 30V 降到需要的电压。输出电压（1.25～26V 任意值）确定之后与输入电压无关（输入 3.5～28V 任意值），模块自动升降压。这种电路效率低，器件多，体积大。单独的升压电路和降压电路设计，参考 3.2 节和 3.3 节的内容。

方案二，单芯片的自动升降压电路。

X6019 或 LM2577、LTC3780 等芯片可实现升降压的电路，采用 Buck-Boost、Cuk、Sepic 电路拓扑结构，可以实现单芯片的升降压效果。如果使用 XL6019 自动升降压模块，输入太阳电池电压 5～40V，输出稳定在 1.25～28V 的某个电压值，最大输入电流 5A。模块专设纹波吸收回路，效率高，纹波小。当在夏季高温和长时间使用时，要尽量降低功率使用，或者减小输入和输出之间的压差范围。

4.1.2 LM2577 设计方案

使用 LM2577 为主芯片 Sepic 电路构成升降压电路，电路原理图如图 4-1 所示。L3 和 C4 构成输出滤波电路。

这种电路最大的好处是输入输出同极性。尤其适合于电池供电的应用场合，允许电池电压高于或者小于所需要的输入电压。用 V 表示 U1 内部的 MOS 管，分析电能回路。

当 V 处于通态时，Ui-L1-V-GND 回路和 C2-V-L2-GND 回路同时导电，C2 放电，D1 截止，L1 和 L2 储能，负载由 C3 和 C4 的储能放电。

当 V 处于断态时，L2 上产生反向电动势，使得 D1 由截止变为导通，此时有两条电流途径：Ui-L1-C2-D1-负载-GND 回路及 L2-D1-负载-GND 回路同时导电，此阶段 Ui 和 L1 既向负载供电，同时也向 C2 充电，C2 储存的能量在 V 处于通态时向 L2 转移。总电感电流为两个电感(L1 和 L2)电流的和，可维持输出电压不变；同时还对 C2、C3 进行充电以补充能量。L1 和 V 起到升压式变换器的作用，L2 和 D1 起到反激式降压/升压的作用,实现电压升降压的效果。C2 不仅是隔直电容，还起电荷泵作用。C2 与 L1 串联，可以吸收 L1 的漏感，则可以降低对开关 MOS 管的要求。

设 D 为 PWM 波的占空比(%)；T_s 为开关周期(s)；U_i 为输入电压(V)；U_o 为输出电压(V)；I_i 为输入电流(A)；I_o 为输出电流(A)；Δi_{L1} 为电感 L1 纹波电流值(A)；ΔU_{C2} 为电容 C2 纹波电压值(V)。

Sepic 斩波电路的输入输出关系由式(4-1)给出：

$$U_o = \frac{D}{1-D}U_i \tag{4-1}$$

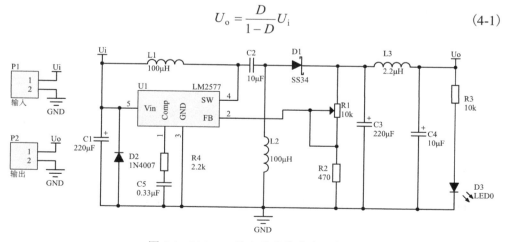

图 4-1 LM2577 为主芯片的升降压电路

1）电感的选择

确定电感的规则是，在最小输入电压时使得输入电源的纹波电流（同电感 L1 的纹波电流）约为稳定值的 30%。

因为开关 V 导通，$U_i = L_1 \dfrac{\mathrm{d}I_{L1}}{\mathrm{d}t}$，电感 L1 上的纹波电流为 $\Delta i_{L1} = \dfrac{U_i}{2L_1}DT_s$，则电感 L1 整理出

$$L_1 = \frac{U_i DT_s}{2\Delta i_{L1}} = \frac{U_i T_s}{2\Delta i_{L1}} \frac{(1-D)I_i}{I_o} = \frac{U_i T_s (1-D)I_i}{2I_o \Delta i_{L1}} \tag{4-2}$$

要求 $\dfrac{\Delta i_{L1}}{I_i} = 30\%$，则由式(4-2)得出 L1 的表达式为

$$L_1 = \frac{U_i T_s}{2I_o \times 0.3}(1-D) \tag{4-3}$$

同理可推算 L2 取值，或直接用 $L_1 = L_2$。

2）电容的选择

确定电容的规则是，在最小输入电压时使得纹波电压约为稳定值的 5%。

因为 $C_2 \dfrac{\mathrm{d}U_{C2}}{\mathrm{d}t} = I_2$，$I_2$ 为流过电感 L2 的电流，U_{C2} 为电容 C2 的电压；而 C2 的纹波电压 $\Delta U_{C2} = \dfrac{I_2}{2C_2}DT_s$，则 $C_2 = \dfrac{I_o DT_s}{2\Delta U_{C2}} = \dfrac{I_2 DT_s}{2\Delta U_{C2}} \dfrac{U_{C2}}{U_i}$（C2 上的电压同输入 Ui 的电压）。

要求 $\dfrac{\Delta U_{C2}}{U_{C2}} \leqslant 5\%$，得 C2 的值为

$$C_2 = \frac{I_2 DT_s}{0.1 \times U_i} \tag{4-4}$$

同理可得 C3 的值为

$$C_3 = \frac{I_o DT_s}{0.1 \times U_o} \tag{4-5}$$

3）电力二极管的选择

D1 为电力二极管。主要选择参数有额定电流和反向峰值电压。

流过二极管的最大电流值为电感 L1 和电感 L2 的峰值电流之和，此电流设为额定电流。

承受的最大反向峰值电压为输入电压和输出电压峰值之和，$U_{RD} = U_i + U_o$。

4) 电源控制芯片内部功率 MOS 管的选择

电源控制芯片内部功率 MOS 管的选择，也是选择控制芯片的主要指标。

流过开关管的最大电流值与流过电力二极管的电流相同。

承受的最大反向峰值电压为输入电压和输出电压峰值之和。

4.1.3　XL6019 设计方案

基于芯片 XL6019 构成的升降压开关电源电路如图 4-2 所示，其主电路结构同 Sepic 电路。

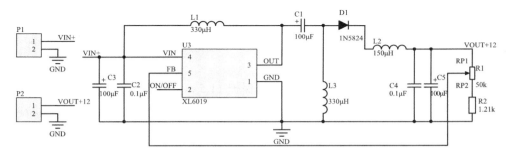

图 4-2　芯片 XL6019 构成的升降压开关电源电路图

XL6019 是一个宽输入电压范围(5～32V)、电流模式芯片，可以配置作为升压、反激、Sepic 或反转变换电路。XL6019 内置 N 通道功率 MOS 管和固定频率振荡器，电流模式架构使其能够在宽输入电压范围内稳定运行。

XL6019 芯片内部固定 400kHz 开关频率，最大 4A 开关电流，效率高达 94％，内置过压保护、频率补偿电路，具有热关断功能、电流限制功能、软启动功能。

XL6019 将输入直流电压(VIN+)给芯片的 4 脚和 2 脚，此时 2 脚处于高电平，使 3 脚可以输出；如果 2 脚浮空，则默认 2 脚高电平。通过 5 脚的反馈电压实现对输出电压的调节。模块输出电压为

$$U_o = 1.25 \times \left(1 + \frac{R_{P1}}{R_2 + R_{P2}}\right) \tag{4-6}$$

式中，R_{P1}、R_{P2} 是可调电位器 R1（$R_1 = R_{P1} + R_{P2} = 50 \mathrm{k}\Omega$）中心抽头两边电阻的阻值，通过调节 R1 的中心抽头和 R2 的大小，可以控制输出电压，使电压输出恒定。

如果光伏电压为 10～25V，调节电位器使输出电压恒定 12V，输出电流达 2.7A 以上，满足题目要求。1N5822 的最大正向连续电流是 3A，反向耐压 40V；1N5824

的最大正向连续电流是 5A，反向耐压 30V。电路中使用 1N5824，电流和反向耐压都可以满足要求，并留有一定的余量。

4.1.4　练习与发挥

（1）如果将升降压电路的输出电压设为光伏组件的最佳工作电压，可以近似实现恒压法的最大功率点跟踪，除此之外如果温度变化做补偿，电路需要做哪些改进？重新设计电路。

（2）如何扩大功率、提高效率？设计一个输出为 12V/5A 的升降压电路，并用发光二极管指示输出电压状态。

4.2　光伏控制器设计

任务：设计一个光伏控制器电路，12V 铅酸蓄电池，20W/17.5V 光伏组件，最大充放电电流 10A。

要求：蓄电池过压保护 14.5V，欠压保护 11.5V，过流保护 10A，具有输出信号指示，PCB 四周有固定安装孔，外部连线采用栅栏式 11mm 端子。画出电路原理图、PCB 图，测试数据。

4.2.1　原理与方案

光伏控制器是对光伏电能流动通道的控制，按控制器结构和电路工作原理不同，分为并联型、串联型、脉宽调制型、多路控制型、智能控制型、最大功率跟踪型和草坪灯控制器。其中，并联型和串联型光伏控制器是两种最基本的对光伏电池能量失效的控制方式，并联型控制是将太阳电池短路，串联型控制是将太阳电池与负载断路。

除主电路外，光伏控制器的辅助电路有检测电路、控制电路、温度补偿电路、其他电路（如驱动电路、显示电路、通信电路等）。控制电路又有两类电路是典型电路。一类是基于比较器的蓄电池电压判断电路，另一类是基于单片机的蓄电池判断电路，二者各有优缺点。

本设计方案使用比较器判断蓄电池的采样电压和保护点的电压（或控制点的电压），产生相应的控制信号，驱动开关器件。控制信号使蓄电池与光伏组件连接或断开，实现充电或停止充电，控制信号使蓄电池与负载连接或断开，实现放电或停止放电。

一般来说，光伏控制器至少具有以下前两种充放电保护模式。

1)过充保护

在蓄电池电压较低的时候用大电流和相对高电压对蓄电池充电，属于快速充电，充电电压有个控制点，也称为保护点，当充电时蓄电池端电压高于这个保护值时，应停止充电，此电压为过充保护点，充电时蓄电池端电压不能高于这个保护点，否则会造成过充电，对蓄电池是有损害的。

2)过放保护

过放保护点电压是蓄电池放电时的最低电压值，该电压值有国家标准、国际标准，可以查相关文件。为了安全起见，一般将过放保护点电压人为加上零点几伏作为温度补偿或控制电路的零点漂移校正，如 12V 铅酸蓄电池过放保护点电压 10.8V 加 0.3V 使过放保护点电压变为 11.10V，24V 铅酸蓄电池的过放保护点电压变为 22.20V。

3)均充控制

均充，即均衡充电。当直充完毕之后，可能会有个别电池"落后"(端电压相对偏低)，为了使所有的电池端电压具有均匀一致性，就要以高电压配以适中的电流再充一小会，均充时间不宜过长，一般为几分钟到十几分钟。

4)浮充控制

一般是均充完毕后，蓄电池被静置一段时间，使其端电压自然下落，当下落至维护电压点时，就进入浮充状态，只要电池电压降低，开始补充电能。该方法在电能控制中是一种容易实现的充电方法，只要判断蓄电池的端电压低于允许的最大输出电压(过充保护电压)，接入充电器充电。

4.2.2　关键设计

使用继电器开关的光伏控制器电路结构电路如图 4-3 所示。

电压比较器 U2(LM339)的两个反相输入端 4 脚和 6 脚连接在一起，并由稳压管 D2 提供 6.2V 的基准电压作为比较电压，两个输出端 1 脚和 2 脚分别接反馈电阻，将部分输出信号反馈到同相输入端 5 脚和 7 脚，这样就把双电压比较器变成了双迟滞电压比较器，可使电路在比较电压的临界点附近不会产生振荡。R2、RP1、C1、U2A、R10、Q1、Q3 和 J1 组成过充电压检测比较控制电路；R3、RP2、C2、U2B、Q2、Q4 和 J2 组成过放电压检测比较控制电路。电位器 RP1 和 RP2 调节设定过充、过放电压。可调三端稳压器 U1(LM317)提供给 LM339 稳定的 8V 工作

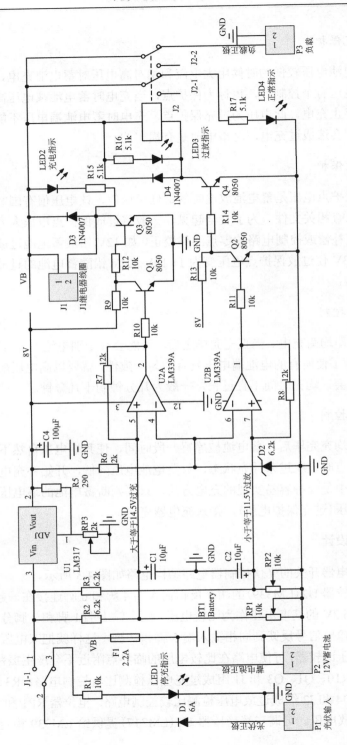

图 4-3 使用继电器开关的光伏控制器原理图

电压。被充电电池为 12V 全密封免维护铅酸蓄电池；20W/17.5V 光伏组件，最佳工作电流小于 1.2A；D1 是防反充二极管，防止硅太阳电池在太阳光较弱时成为耗电器。J1 和 J2 为双触点 12V10A 继电器。

控制器的工作主要分为过充保护、过放保护、正常充放电几种情况。

(1) 蓄电池正常充电和过充电保护过程。当蓄电池端电压小于预先设定的过充电压值时，U2A 的 4 脚电位高于 5 脚电位，2 脚输出了低电位使 Q1 截止，Q3 导通，LED2 发光，指示充电，J1 动作，其触点 J1-1 转换位置(1 端和 2 端接通)，太阳电池组件通过 D1 对蓄电池充电。蓄电池逐渐被充满，当蓄电池端电压大于预先设定的过充电压值时，U2A 的 4 脚电位低于 5 脚电位，2 脚输出高电位使 Q1 导通、Q3 截止、LED2 熄灭，J1 开释，J1-1 断开充电回路，LED1 发光，指示停止充电。

(2) 蓄电池正常放电和过放电保护过程。当蓄电池端电压大于预先设定的过放电压值时，U2B 的 7 脚电位高于 6 脚电位，1 脚输出高电位使 Q2 导通，Q4 截止，LED3 熄灭，J2 开释。其常闭触点 J2-1 闭合，LED4 发光，指示负载工作正常；蓄电池对负载放电时端电压会逐渐降低，当端电压降低到小于预先设定的过放电压值时，U2B 的 7 脚电位低于 6 脚电位，U2B 的 1 脚输出的低电平使 Q2 截止，Q4 导通，LED3 发光指示过放电，J2 动作，其触点 J2-1 断开，正常指示灯 LED4 熄灭。另一个常闭触点 J2-2 也断开，切断负载回路，避免蓄电池继续放电。

4.2.3 电压比较器

LM339 集成块内部装有四个独立的电压比较器，该电压比较器的特点是：①失调电压小，典型值为 2mV；②电源电压范围宽，单电源为 2～36V，双电源电压为 ±1～±18V；③对比较信号源的内阻限制较宽；④共模范围很大，为 0～$(U_{CC}-1.5)$V；⑤差动输入电压范围较大，大到可以等于电源电压；⑥输出端电位可灵活方便地选用。

LM339 类似于增益不可调的运算放大器。每个比较器有两个输入端和一个输出端。用作比较两个电压时，任意一个输入端加一个固定的门限电平，另一端加一个待比较的信号电压。当比较器"+"端电压高于"-"端时，输出管截止，相当于输出端开路。当"-"端电压高于"+"端时，输出管饱和，相当于输出端接低电位。两个输入端电压差别大于 10mV 就能确保输出能从一种状态可靠地转换到另一种状态，因此 LM339 可以用在弱信号检测等场合。LM339 的输出端是集电极开路输出，在使用时输出端到正电源接上拉电阻。选不同阻值的上拉电阻会影响输出端高电位的值。

由 LM339 可以构成单电压限比较器、双电压限比较器(窗口比较器)、迟滞比较器、振荡器。本题目在设计中就是利用 LM339 构成了双电压限、迟滞比较器电路。

迟滞比较器加有正反馈可以加快比较器的响应速度，这是它的一个优点。除此之外，由于迟滞比较器加的正反馈很强，远比电路中的寄生耦合强得多，故迟滞比较器还可免除由电路寄生耦合而产生的自激振荡。

LM339 是低功耗低失调电压四比较器，LM393 是低功耗低失调电压两比较器。两种比较器功能参数一样，可以代换，但需注意引脚的不同。

4.2.4　练习与发挥

(1)将光伏控制器的最大输入输出电流由 10A 扩大到 30A，需要做哪些改动？重新设计控制器电路。

(2)使用 MOS 管代替本设计中的继电器，重新完成控制器电路的设计。

(3)在本题目要求中，控制电路信号和主供电电路隔离，重新设计控制器电路。

4.3　恒流恒压蓄电池充电电路设计

任务：设计恒流、恒压方式蓄电池充电电路。

要求：输入电压为 10W/17.5V 太阳电池，输出 3.7V 为锂离子蓄电池 18650 充电，最大电流不超过 0.2C，具有恒流和恒压两种充电方式。恒流、恒压转换点电压可调。具有充电信号指示，四周有固定安装孔，外部连线采用栅栏式端子。画出电路原理图、PCB 图。

4.3.1　原理与方案

图 4-4 为太阳电池降压电路，图 4-5 为恒流恒压充电及控制与指示电路。当太阳光照射的时候，硅太阳电池组件产生的直流电经过 MC34063 输出 5V 电压，提供充电电路的工作电压。当蓄电池端电压小于预先设定的过充电压值时，太阳电池组件对蓄电池充电。蓄电池逐渐被充满，当其端电压大于预先设定的过充电压值时，断开充电回路，指示停止充电。使用 LM317 构成恒压和恒流电路，对蓄电池供电。

此充电器主要由太阳电池电压降压电路、恒流源电路、恒压源电路和电池电压检测控制电路四部分组成。降压电路由芯片 U1 实现，$V_{out} = 5V$。U2 构成恒流源，U3 构成恒压源，在充电初始阶段用恒流充电，而恒压充电电流会随着时间的推移而逐渐降低，待电池基本充满，然后转恒压充电，充电电流会慢慢降低到零，电池完全充满。电池电压检测及控制由 U4 和继电器及外围电路来完成。

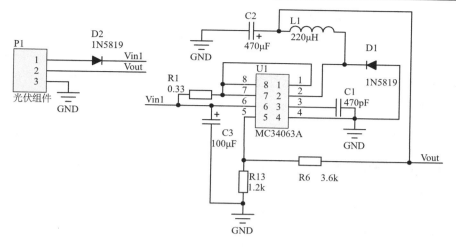

图 4-4　太阳电池降压电路

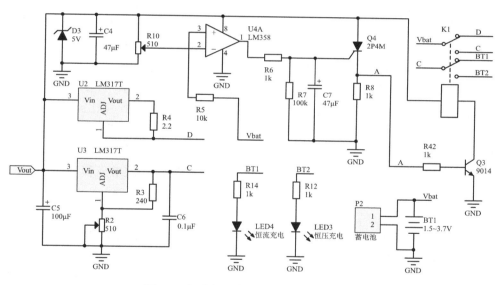

图 4-5　恒流恒压充电及控制与指示电路

　　端子 P1 的 1 脚和 3 脚对应于太阳电池板输入端(1 脚正、3 脚负),P2 接蓄电池(1 脚正、2 脚负)。充电时,太阳电池板供电,为充电电池充电,有两种充电方式,首先恒流充电(充电电流大小由 R4 调节),当恒流充电状态下,蓄电池的电压升到恒压充电转换点时停止恒流充电(恒压充电转换点电压由 R10 调节,调节电位器 R10 可以控制恒压充电的初始电压),转为恒压充电(恒压充电电压由 R2 调节)。

本设计及实验中要注意以下事项。

(1)卤素灯点亮时，灯的温度高，小心烫伤；光强大，不要直视。

(2)实验过程中，检查电路无误后，开启实验仪电源。

(3)观察电池充电过程指示灯变化情况及继电器切换恒流充电和恒压充电的工作情况。

4.3.2 恒流电路

恒流源是输出电流保持不变的电流源，而理想的恒流源不因负载(输出电压)、环境温度变化而改变其输出电流，内电导无限大。实际的恒流源都有内电导，不能同理想恒流源一样使电流全部流出。

如果按照恒流源电路主要使用的功率器件划分，可分为三类：使用晶体管恒流源、使用 MOS 管恒流源、使用集成电路恒流源。

(1)晶体管恒流源以晶体三极管为主要组成器件,将三极管的基极提供一个恒定的电压，发射极串联一个电阻，电阻恒定，即流过发射极的电流恒定，基极电流很小可忽略，则集电极的电流为恒流。如果发射极串联的电阻是可调电阻，则三极管集电极的电流就由可调电阻控制，形成可控电流源。

(2)MOS 管恒流源是由场效应管作为主要组成器件，其基本电路与晶体管恒流源类似。MOS 管恒流源较之晶体管恒流源，其等效内阻较小，输出恒定电流大。

(3)由集成电路作为主要器件构成集成电路恒流源,集成电路可使用集成运放电路或集成稳压电路。由于温度对集成电路参数影响小，由集成电路构成的恒流源稳定性好。在大电流应用时，可以用集成电路恒流源或 MOS 管恒流源。

4.3.3 练习与发挥

(1)在本题目的要求中，将锂离子电池改为 12V3A·h 铅酸蓄电池组，重新设计恒流恒压充电电路。

(2)在图 4-5 中，添加 1 个继电器，单独用于控制输入电源对蓄电池的充电(Vbat 的控制和 C 的控制分开)，重新设计电路。

(3)如果本电路不使用晶闸管，修改电路设计。

4.4 太阳电池外特性研究

任务：设计测试方案，测量光伏组件的外特性。改变光强、遮挡(以及局部阴影)、温度、光谱测量光伏电池输出电压和电流。根据实验结果绘制电流-电压(I-V)、功率-电压(P-V)特性曲线，分析测试结果。

要求：测试温度特性、光强特性、光谱特性的太阳电池使用 2 块单晶硅(2cm ×3cm)串联，测试遮挡使用 1 块 90～100W17.5V 光伏组件测试。卤素灯作为人造光源条件下和室外日光光源条件下做光伏组件的输出电压和输出电流对比测试，可以使用"太阳电池综合实验仪"测试。

4.4.1　原理与方案

改变温度、光强、光谱、遮挡以及组件连接形式，光伏电池会体现不同的外特性。以下只分析光伏的光谱特性原理和测量。

1) 光伏的光谱特性

从太阳电池的应用角度来说，太阳电池的光谱特性与光源的辐射光谱特性相匹配是非常重要的，可以更充分地利用光能、提高太阳电池的光电转换效率。不同光源、不同太阳电池、不同光强，会引起太阳电池输出的变动，其能量的绝对值甚至相差数百倍。由于光的颜色(波长)不同，太阳电池并不把任何一种光都同样地转换成电，所以太阳电池转变为电的比例也不同，这种特性称为光谱特性。

例如，对于单晶硅太阳电池，它的特点是对于大于 0.7μm 的红外光也有一定的灵敏度。以 P 型单晶硅为衬底的太阳电池与 N 型单晶硅为衬底的太阳电池相比，其光谱特性的峰值更偏向短波长一方。另外，对于紫外光太阳电池，它对于从蓝到紫色的短波长(波长小于 0.5μm)的光有较高的灵敏度，但其制法复杂，成本高，仅限于空间应用。此外，带状多晶硅太阳电池的光谱特性也接近于单晶硅太阳电池的光谱特性。

2) 光谱特性测量

光谱特性通常用收集效率来表示，即一单位的光(一个光子)入射到太阳电池上产生多少电子-空穴对的百分数(%)，通常收集效率小于 1。

光谱特性的测量是用一定强度的单色光照射太阳电池，测量此时电池的短路电流，然后依次改变单色光的波长，再重复测量得到在各个波长下的短路电流，即反映了电池的光谱特性。

如果能够得到与标准太阳光谱一致的并且光照强度又可以任意改变的人工光源当然是最理想的太阳电池的测试光源，但就目前而言还是很困难的，只能在某些方面满足要求。卤素灯光谱非常丰富、亮度容易调整和控制、显色性好，但卤素灯发热量巨大、不节能，可用卤素灯作为人造光源测量光伏电池外特性。

4.4.2　测试步骤

(1)结构件组装：在太阳电池综合实验仪配件箱的卤素灯灯头罩上，安装上黄色滤光片，再将长方直筒状的灯罩垂直罩在太阳电池板上；最后将卤素灯头罩安装在灯罩上，使得两者刚好卡在一起。

(2)连接光源电源：用 2#台阶连线将太阳电池综合实验仪配件箱的"+12V"、"GND"(J4)分别与"VIN+"、"GND"(J8)相连。

(3)连接灯头和光源电源：用 2#台阶连线将太阳电池综合实验仪配件箱的"可调电压"、"GND"(J22)分别与灯头罩上的"+"、"−"台阶插座相连。

(4)连接被测太阳电池：将太阳电池综合实验仪配件箱的"太阳电池 1"与"太阳电池 2"串联起来。测量串联后太阳电池两端的电压。

(5)串联电流表：将 "太阳电池 1"的"+"与太阳电池综合实验仪负载单元中的可调电位器的 J5 相连、将负载单元中可调电位器的 J3 与电流表的"+"端相连。将"太阳电池 2"的"−"与电流表的"−"端相连。连接照度表(可选)。

(6)调节光强：打开电源开关，调节光源电源电压，使得卤素灯光强较强，记录电源电压(或照度值)。

(7)设定测试温度：将温控仪的稳定温度"SV"设定为 25℃。根据实时温度"PV"设定温控仪的控制模式(制热/制冷模式)；设置好工作温度后，稍等几分钟，使得温度稳定到设定温度。

(8)测量参数值：将负载从 0Ω 逐挡变化到 900Ω，观察电流表及电压表读数，通过表 4-1 记录下来。

表 4-1　_____色光源时太阳电池的输出参数

负载阻值/Ω	电流值/mA	电压值/V	功率 $P=IV$/mW
0			
100			
200			
300			
400			
500			
600			
700			
800			
900			

(9) 更换滤光片：将可调电源调为最小 (调小前记录电压值)，断开配件箱的电源。将卤素灯灯头罩上的两连线取下，拿下灯头罩，将卤素灯灯头罩上的滤光片更换为其他颜色。将卤素灯灯头罩再次罩在长方直筒状的灯罩上，并将灯头罩上的电源线插上。

(10) 恢复光源电压：打开配件箱电源，并调节可调电源，使得电压 (或照度值) 与上一次相等。

(11) 返回实验步骤 (8)，直到完成所有滤光片的测试。

4.4.3　实验注意事项

若实时温度高于设定温度，长按下温控仪的"SET"键 3s，此时为温控仪的模式设置选择状态。继续按"SET"键即可完成对温控仪的各种参数的设置。数次按下"SET"键，直到"PV"显示为"CL"，通过按"▲"和"▼"将 CL 的值设置为"1" (制冷状态)，并确保箱体右下角的"制冷/制热"按键保持在"制冷"状态。

若实时温度低于设定温度，长按下温控仪的"SET"键 3s，此时为温控仪的模式设置选择状态。继续按"SET"键即可完成对温控仪的各种参数的设置。数次按下"SET"键，直到"PV"显示为"CL"，通过按"▲"和"▼"将 CL 的值设置为"0" (制热状态)，并确保箱体右下角的"制冷/制热"按键保持在"制热"状态。

4.4.4　练习与发挥

(1) 在室外日光下测量时，设计一些产生阴影效应的工作情况，两组光伏组件作特性对比测量，一组无旁路二极管，一组有旁路二极管克服热斑效应。

(2) 了解硒、硅太阳电池的光谱特性响应曲线，分析光源对光伏光谱效应的影响。

(3) 在太阳光照条件下重复光谱效应实验，对比日光照射条件下与卤素灯照条件下的实验情况，分析造成实验差异的原因。

4.5　光伏输入的反激电源设计

任务： 设计一个单端反激开关电源 (60W)。输入电压为光伏组件 3 块串联，每块光伏组件功率都是 20W 最佳工作电压 17.5V 的单晶太阳电池组件，反激电源输出电压直流 12V，最大电流 5A。

要求： 输出 12V 可微调，有反馈控制调节使输出电压稳定，控制芯片

UC3842。具有输出电源指示，有散热和安全性的考虑，外部连线采用栅栏式端子。分析反激开关电源电路原理，画出电路原理图、PCB 图。

4.5.1　原理与方案

单端反激电路原理图参考图 1-7，工作原理参考 1.1.2 节内容。采用 UC3842 电流型脉宽集成控制芯片设计控制电路。

1) 开关电源电路分析

基于 UC3842 的开关电源采用了稳定性很好的双环路反馈(输出直流电压隔离取样反馈外回路和初级线圈充磁峰值电流取样反馈内回路)控制系统,可以通过 UC3842 的脉冲宽度调制器迅速调整脉冲占空比，从而在每一个周期内对前一个周期的输出电压和初级线圈充磁峰值电流进行有效调节，达到稳定输出电压的目的。这种反馈控制电路的最大特点是：在输入电压和负载电流变化较大时，具有更快的动态响应速度，自动限制负载电流，补偿电路简单。

2) 脉冲变压器

脉冲变压器，或称为高频变压器。它的作用主要是通过电场-磁场-电场能量的转换，为负载提供稳定的直流电压。脉冲变压器初级线圈工作在高频，有利于能量的转换传递，减小变压器的体积。

使用脉冲变压器可以实现传统电源变压器的电气隔离作用，将热地与冷地隔离，避免触电事故，保证用户端的安全。例如，热地有 220V 的电路公共点，是强电区，有触电危险的区域。冷地是与 220V 市电完全隔离的电路公共点，是与热地对立的低电压安全区域。

脉冲变压器次级可以缠绕多个绕组，这样就可以输出多路不同的直流电压，为不同的电路单元提供直流电量。

脉冲变压器的设计过程复杂、步骤多，这里不做讨论。

4.5.2　关键设计

UC3842 是一种高性能的固定频率的电流型脉宽集成控制芯片，是专为离线式直流变换电路设计的。其主要优点是电压调整率可以达到 0.01%，工作频率高达 500kHz，启动电流小于 1mA，外围元件少，工作温度为 0～70℃，最高输入电压 30V，最大输出电流 1A，能驱动双极型功率管和 MOS 管。UC3842 采用 DIP-8 形式封装，适合做 20～80W 的小型开关电源。

反激式电源电路原理图如图 4-6 所示。

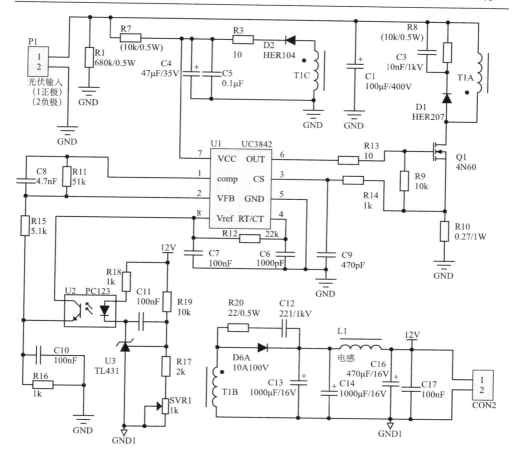

图 4-6　反激式电源电路原理图

1)反馈稳压原理

直流电压加在 R7 上,降压后加在 UC3842 的引脚 7 上,为芯片提供大于 16V 的启动电压,当芯片启动后由反馈绕组提供维持芯片正常工作所需要的电压。当输出电压升高时,高频变压器 Tl(由初级 T1A 和次级 T1B、T1C 组成)的次级绕组 T1B 上产生的反馈电压也升高,采用光耦 U2 和电压基准 U3 进行反馈控制,可以极大地提高开关电源的稳定性和精度。

电压采样由电阻 R19、R17、SVR1 完成,反馈电路由光耦 PC123、TL431 和阻容网络组成。通过调节 SVR1 得到采样电压,该采样电压与电源基准器件 TL431 提供的 2.5V 基准电压进行比较,当输出电压正常时,采样电压与 TL431 提供的 2.5V 电压基准相等,则 TL431 的阴极极电位保持不变,从而流过光耦 U2 二极管的电流不变，进而流过光耦 CE 的电流也不变，UC3842 引脚 2 的反馈电位 Uf 保持不变，则引脚 6 输出驱动的占空比不变，输出电压稳定在设定值不变。当输出 12V 电压因为某种原因升高时，分压网络上得到的输出电压采样值会随之升高，从而 TL431 的阴极电位下降，流过光耦二极管的电流增大，流过 CE 的电流增大，从而 UC3842 引脚 2 的电位升高，内部与基准电压比较后，经误差放大器放大，使 UC3842 引脚 6 的驱动脉冲占空比减小，从而使输出电压减小，这样就完成了反馈稳压的过程，达到稳定输出电压的目的。

2) 电流取样电阻 R_s

设计内回路反馈时，需要在开关管上串联一个以地为参考的取样电阻 R_s（见图 4-6 中的 R10），将初级线圈的电流转换为电压信号，此电压由 UC3842 内的电流检测比较器监视并与来自误差放大器的输出电平比较。

在正常的工作条件下，峰值电感电流由引脚 1 上的电压控制。当电源输出过载或者输出取样丢失时，将出现异常的工作条件，在这些条件下，电流比较器的门限电压被内部电路箝位至 1.0V。

根据芯片内部电路的工作原理，阻值 R_s 可按式 (4-7) 计算，R_s 的功率 $P(R_s)$ 可按式 (4-8) 设计。

$$R_s = \frac{1.0}{I_{p\max}} = \frac{U_i D}{2.6 P_o} \tag{4-7}$$

$$P(R_s) = \frac{1}{R_s} \tag{4-8}$$

式中，$I_{p\max}$ 为初级线圈电感电流的最大值 (A)；P_o 为开关电源设计输出功率 (W)；U_i 为开关电源输入的直流电压值 (V)；D 为 PWM 的输出信号占空比 (%)。

3) 低通滤波网络

选定电流取样电阻 R_s 后，采样电阻上的电压受信号频率波动，需要通过一个 RC 低通滤波网络 (R14 和 C9 构成)，将这个采样信号送给 UC3842 的电流比较器，RC 低通滤波网络的上限截止频率 (f_h) 决定输出电压的稳定度。

由低通滤波器的对数幅频特性可知，当输入信号频率低于 f_h 时，输出信号与输入信号几乎完全相同；当输入信号频率高于 f_h 时，输出信号会大幅度衰减。

选择低通滤波器的 RC 参数时，必须要保证电阻 R_s 上正常的采样电压不能被滤波器衰减。如果 RC 参数选择不当，使滤波器的上限截止频率 f_h 偏小，导致正常的 R_s 采样信号被衰减，这样当负载增大时，PWM 无法将控制脉冲的占空比调大，变压器会因为负载过重而发生谐振。为解决这一问题，将滤波电容 C 的取值减小，提高了 f_h，使正常的 R_s 采样信号通过滤波器，当负载加重时，开关电源可以很好地稳压。

4）其他

R1 为压敏电阻，起输入过电压保护作用。

在电路启动时，输入电源由 R7 降压，为 U1 供电。电路启动后，将磁芯 T1C 上耦合的电能，通过 D2 整流，R3、C5 滤波，为 U1 供电。

R8、C3、D1 构成 RCD 保护电路，保护开关管 Q1，防电压过冲。R7、R8 根据输入直流电压取值。

R20、C12 起输出加速作用。

4.5.3　电路的干扰问题

1）开关电源产生的对外干扰

一方面可以增强输入输出电源滤波电路的设计，另一方面，加强机壳的屏蔽效果，改善机壳的缝隙泄漏，并进行良好的接地处理。

2）对外部的抗干扰能力

对于浪涌、雷击应优化交流输入及直流输出端口的防雷能力。对于能量较小的雷击，可采用氧化锌压敏电阻与气体放电管等组合方法解决。对于静电放电，采用 TVS 管及相应的接地保护、加大小信号电路与机壳等的电距离，或选用具有抗静电干扰的器件来解决。快速瞬变信号含有很宽的频谱，很容易以共模的方式传入控制电路内，采用防静电相同的方法并减小共模电感的分布电容、加强输入电路的共模信号滤波来提高系统的抗干扰性能。

3）减小开关电源的内部干扰

实现开关电源自身的电磁兼容，提高稳定性及可靠性，应注意以下几个方面。

(1) 数字电路与模拟电路按功能划分，PCB 布线时分区处理。布线时注意相邻线间的间距及信号性质，避免产生串扰。

(2) 数字电路与模拟电路电源的正确去耦。数字电路与模拟电路单点接地、大电流电路与小电流特别是电流电压取样电路的单点接地以减小共阻干扰、减小地环的影响。

(3) 减小高压大电流线路特别是变压器的原边与开关管、电源滤波电容电路所包围的面积。

(4) 减小输出整流电路及续流二极管电路与直流滤波电路所包围的面积。

(5) 减小变压器的漏电感、滤波电感的分布电容。采用谐振频率高的滤波电容器等。

4.5.4　练习与发挥

(1) 以本题目为基础，如果改为交流 220V 输入，需要设计交流电的整流滤波电路，重新设计反激式开关电源电路。

(2) 以交流 220V 为输入，基于 UC3845 设计反激式开关电源，输出 5V/4A。

(3) 交流 90～120V 或直流 120～160V 输入，基于 TOP254 设计反激式开关电源，输出 12V/2A。

4.6　太阳能跟踪控制电路设计

任务：设计双轴太阳能跟踪控制电路。

要求：控制器电路输入电压为 12V，采用光敏电阻判断太阳位置，采用继电器控制 12V40W 直流变速电机。外部连线电机插拔式端子。画出原理图、PCB 图。

4.6.1　原理与方案

1) 太阳能自动跟踪系统工作原理

光伏阵列的安装运行方式分为固定式、倾角调节式、自动跟踪式(单轴跟踪、双轴跟踪)三种方式。

太阳的光照角度时时刻刻都在变化，太阳能跟踪控制器是保持太阳电池板随时正对太阳，让太阳光的光线随时垂直照射太阳电池板的动力装置，这样发电效率才会达到最佳状态。

太阳能自动跟踪(追日)系统主要包含机械和自动跟踪控制电路两部分。自动跟踪控制电路是太阳能跟踪控制器的核心，主要由传感信号处理电路、控制器电路、驱动电路等几部分组成。机械部分主要由传感器、跟踪机械、限位保护器件组成，由于跟踪机械的不同，将太阳能自动跟踪系统分为单轴跟踪和双轴跟踪两大类。

单轴跟踪系统只有一个跟踪轴，由太阳电池板支撑系统、转轴梁、动力驱动系统、电动控制系统、中央监控系统等组成，适合在纬度低于 30°的地区使用。单轴太阳能自动跟踪控制器的原理图见图 4-7(a)。

双轴跟踪系统有两个跟踪轴,双轴太阳能自动跟踪控制器的原理见图 4-7(b),其原理是利用方位传感器检测方位信号,并将方位信号输入控制单元,控制电路通过对方位信号进行识别,将方位信号转换为控制水平电机和竖直电机的电信号,控制两个电机在水平方向和竖直方向进行转动,保持太阳电池板始终垂直于太阳光直射光线,同时通过水平限位开关和竖直限位开关的控制,避免电机转动越位。双轴跟踪一般适合在纬度高于 35°的地区使用。双轴跟踪系统又分为双极轴式双轴跟踪和高度角-方位角双轴跟踪。

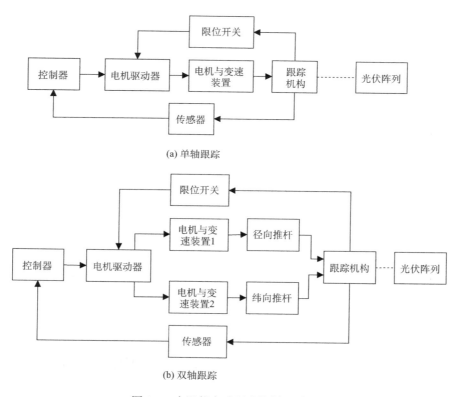

(a) 单轴跟踪

(b) 双轴跟踪

图 4-7　太阳能自动跟踪控制器原理图

双极轴式跟踪的电池板跟踪转动时,电池板只绕极轴转动,电池板上下边与地面角度不停地发生变化。高度角和方位角双轴跟踪的电池板跟踪转动时,电池板在方位轴转动同时又绕俯仰轴转动,电池板上下边与地面始终是平行的。极轴跟踪较简单,用机械控制绕极轴转动即可。高度角和方位角双轴跟踪,光检测或太阳定位较复杂。

2) 跟踪系统的控制方式

跟踪系统的控制方式可分为主动控制方式、被动控制(或光电控制)方式和复合控制方式。

被动控制方式可以采用光电检测,如四象限探测器,能在东西方向(方位角方向)和南北方向(高度角方向)上进行光强探测,测出太阳的方位,根据检测到的太阳位置偏差进行控制,属闭环控制。被动控制方式简单可靠,但在阴天时,被动控制法跟踪太阳光效果不好。

主动控制方式可以采用安装地的纬度坐标和日期时间值相结合判断太阳位置,算出方位角和高度角。电池板的轴系驱动部件根据算出的方位角和高度角信号把电池板转向指定的高度角与方位角,从而对准太阳。在整个控制过程中无须检测电池板是否对准了太阳,直接发出控制命令,属于开环控制。时钟信号的获得也有多种方式,主要使用的有 RTC 时钟电路和 GPS 时钟信号。主动控制方式,由于控制过程不检测电池板的转动位置与太阳位置是否有偏差,为了保证电池板的转动的机械位置正确,需要驱动装置与执行电机有较高的精度。

复合控制方式结合了主动控制方式和被动控制方式的优点。复合控制方式一般以光电跟踪为主,以太阳运动跟踪来解决因天气等因素造成无法跟踪的问题。也可以先通过太阳运动轨迹粗跟踪,再由光电传感器跟踪进行精细跟踪。

采用计算机进行跟踪控制,依据时钟信号或采集的太阳光跟踪传感器信号进行计算处理,对于平面的太阳能阵列,通常不需要高跟踪精度,为了降低功耗,可以采用间歇控制方式,间歇时间可根据要求调整,如时间设为 10～30min,不转动时控制器绝大部分处于休眠状态。

4.6.2　关键设计

根据太阳光线调整的太阳能自动单轴跟踪控制电路原理图如图 4-8 所示。电路中,每一组两只光敏电阻中的一只为比较器的上偏置电阻,另一只为下偏置电阻(如 RT1 和 RT3 为一组,RT2 和 RT4 为一组);一只检测太阳光照,另一只检测环境光照,送至比较器输入端的比较电平始终为两者光照之差。所以,控制器电路能使太阳能接收装置四季全天候跟踪太阳,而且调试十分简单,成本低。

双运放 LM358(U1)与 R1、R2 构成两个电压比较器,参考电压为 VCC(+12V)的 1/2。光敏电阻 RT1、RT2 与电位器 R9,以及光敏电阻 RT3、RT4 与电位器 R10,构成光敏传感电路,电路能根据环境光线的强弱进行自动补偿。将 RT1 和 RT3 安装在垂直遮阳板的一侧,RT2 和 RT4 安装在另一侧。

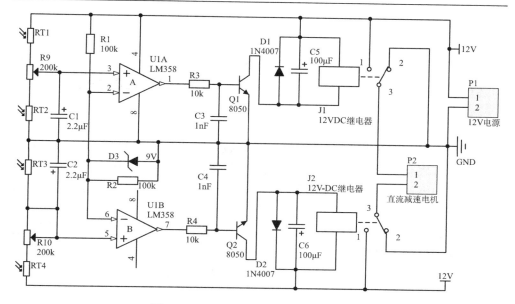

图 4-8　太阳能自动单轴跟踪电路原理图

（1）当 RT1、RT2、RT3 和 RT4 同时受环境自然光线作用时，R9 和 R10 的中心点电压不变。

（2）如果只有 RT1、RT3 受太阳光照射，RT1 的内阻减小，LM358 的 3 脚电位升高，1 脚输出高电平，三极管 VT1 饱和导通，继电器 J1 导通，J1 的转换触点 3 与常开触点 1 闭合。同时 RT3 内阻减小，LM358 的 5 脚电位下降，J2 不动作，J2 的转换触点 3 与静触点 2 闭合，电机 M 正转。

（3）如果只有 RT2、RT4 受太阳光照射，继电器 J2 导通，J1 断开，电机 M 反转。当转到垂直遮阳板两侧的光照度相同时，继电器 J1、J2 都导通，电机 M 才停转。

要完成双轴跟踪，可以采用两块单轴跟踪控制电路，同时控制 2 个电机，一个电机完成水平方向上的光线跟踪，另一个电机完成竖直方向上的光线跟踪。太阳方位的光线检测，将 4 个光敏电阻用垂直遮阳板分成东西两侧各两个；太阳高度的光线检测，将 4 个光敏电阻用垂直遮阳板分成南北两侧各两个。也可直接用安装电路板的外壳兼作垂直遮阳板。

电路仅完成光线跟踪和电机运转，没有考虑电机限位运行等保护功能。

使用三相交流电机的控制原理与控制直流电机方式相同，继电器使用交流接触器，电机旋转改变方向是改变交流电的相序。

4.6.3　传感器

用于跟踪系统的传感器有获取太阳位置的光电传感器和获取机械位置的接近开关两类。光电传感器又有隔板式、金字塔式、高精度太阳位置传感器。

1）隔板式太阳位置传感器

隔板式太阳位置传感器利用隔板两边光敏元件感受到的光强不同来判断太阳的位置，在底座上垂直安装了两组隔板，两组隔板相互垂直；在底座上还安装 4 个光敏电阻器件，4 个光敏电阻器件紧贴隔板拐角安装，光敏电阻器件受光面向上，4 个光敏电阻器件必须是同一型号，性能相近。光敏元件除了采用光敏电阻外，也可以采用光敏二极管、小光伏电池片作为光敏元件，其工作原理相同。隔板式太阳位置传感器结构简单，但受周围环境光影响大，测量精度低。

对于光伏单轴跟踪系统，传感器只需一片隔板就可以了，隔板方向与转轴平行。当两侧电阻相同时说明传感器正对太阳，当两侧电阻不同时，光伏组件应向电阻小的一侧转动，直到两侧电阻相同。

为了减小周围环境光的影响，可以用圆筒来遮光，圆筒上方中心开有圆孔，在圆筒底部中心安装一个四象限光电池。来自上方的太阳光通过圆孔投向底部，当太阳光正中向下方投射时，投射的光斑中心与四象限光电池中心重合，四象限光电池各电池输出相同。光筒式太阳位置传感器可以防止周围光线的干扰，对光线偏差的灵敏度提高，可检测出太阳位置较小的偏差，缺点是检测的光线角度较小。

2）金字塔式太阳位置传感器

金字塔式太阳位置传感器利用阳光投向光伏电池上的角度不同产生不同的电流进行测量。在一个圆台四周贴了 4 片相同的光伏电池。太阳光从上方投射下来，4 个光伏电池光线夹角相同，产生的电流相同。当太阳光偏向某侧时，该侧光伏电池光照加强，输出电流增大；相反的一侧光伏电池光照减弱，输出电流减小，用光伏电池电流的变化可以判断阳光的偏向。这种传感器结构精度不高，检测易受到周围光线干扰。

3）高精度太阳位置传感器

如果要进一步提高对太阳位置的精确检测，在太阳光筒位置传感器的光筒入口处加装凸透镜，把光线聚集，缩小光斑，4 象限光电池尺寸缩小，在外围排列多个扇形光电池，组成多元光电池。由于聚光增强了光强，在透镜后设置了光圈，强光时缩小光圈可保证电池在正常光照下工作。

　　4)接近开关

　　水平方向和俯仰方向运动机构中装有接近开关和微动开关，用于提供光伏电池方阵作水平偏转和俯仰偏转的极限位置信号。

　　与移动机构连接的底座支架部分装有接近开关和微动开关，微动开关用于限位，接近开关用于提供午日位置信号。

4.6.4　练习与发挥

　　(1)设计由单片机控制的太阳能跟踪电路。将方位检测信号接入单片机，即 Q1 和 Q2 的基极信号引到单片机的 I/O 端口，由单片机判断输入的电平信号，控制继电器动作。

　　(2)用步进电机代替直流减速电机，单片机输入光电信号并判断，产生输出脉冲控制步进电机实现本题目要求。

　　(3)设计电路，将太阳方位信号和高度信号转变成开关量，接入可编程逻辑控制器(PLC)，由 PLC 控制交流接触器，电机采用异步电机，根据太阳位置接通异步电机实现电机的正反向运行。

　　(4)输入安装地点纬度，由单片机根据日期和时间计算出太阳的高度角和方位角，计算该固定地点每一时刻的太阳位置实现跟踪。

4.7　太阳能最大功率点跟踪电路

　　任务：设计太阳能最大功率点跟踪电路。

　　要求：输入电压为 16～25V(工作电压 17.5V 太阳电池板)，输出 12V(可调)输出电流 4A 以上，磷酸铁锂蓄电池 4 串充电 12.8V 管理板，最大电流 6A，具有输出信号指示，画出电路原理图、PCB 图。

4.7.1　原理与方案

　　太阳电池最大功率点跟踪(MPPT)是为了保证在光照强度变化时，光伏电池一直输出最大功率，以充分利用太阳能。在一般情况下，需要用开关模式 DC-DC 转换器实现 MPPT 功能，保持输出电压和充电电流的乘积(输出功率)最大化。MPPT 常用的方法有固定电压跟踪法、干扰观测法、电导增量法。

　　方案一，采用具有 MPPT 功能的定制集成电路 CN3722。

　　定制的具有 MPPT 功能的集成电路有多种，如已商业化的产品 CN3722、

SM3320、SPV1020、BQ25504、MPT612、SM72295 等。

CN3722 是一款具有太阳电池最大功率点跟踪功能的 5A 降压式集成电路。CN3722 非常适合用于对单节或多节锂电池的充电管理，芯片采用 16 管脚 TSSOP 封装，具有外围元器件少和使用简单等优点。CN3722 具有恒流和恒压充电模式，在恒压充电模式，恒压充电电压由外部电阻分压网络设置；在恒流充电模式，充电电流通过一个外部电阻设置。

SM72442 是可编程 MPPT 控制器，有四路 PWM 栅极驱动信号。和光伏电压全桥驱动器一起，可组成具有 MPPT 配置的 DC-DC 转换器，效率高达 99.5%。器件集成了 8 路 12 位 ADC，用来检测输入和输出电压与电流以及配置，可编程的数值包括最大输出电压、电流和转换速率，具有软启动功能。

方案二，基于单片机的 MPPT 设计。

用低功耗单片机作为控制电路的核心，如 ST12C5A60S、dsPIC33F、STM32F103 等单片机。其中 ST12C5A60S 为 8 位单片机，STM32F103 为 32 位单片机，dsPIC33F 是以单片机为中心并融合了 DSP 的集成电路芯片。

通过单片机测量太阳电池的端电压，通过 DC-DC 电路控制给后级的输出并测量，用脉宽调制信号控制 DC-DC 中的开关管，使 DC-DC 电路输出的功率最大，实现了对太阳电池的 MPPT 管理。ST12C5A60S 的运算速度慢，dsPIC33F 运算速度快，使用 dsPIC33F 芯片可以提高电路实现 MPPT 跟踪的速度。

4.7.2　CN3722 设计方案

CN3722 对单节或多节锂电池进行完整的充电管理，具有输入电压范围宽 (7.5～28V)、充电电流大(5A)、恒压充电电压和恒流充电电流由外部电阻分压网络设置的特点。其内部的 PWM 开关频率 300kHz，工作环境温度–40～85℃。还有对深度放电的电池进行涓流充电、充电状态指示、电池端过压保护、软启动和电池温度监测等功能。

CN3722 采用恒电压法跟踪太阳电池的最大功率点。当使用太阳电池供电时，即使太阳电池的输出功率很小，CN3722 也能自动跟踪太阳电池的最大功率点，将充电电流调整到最大功率点的电流。以 CN3722 为主器件设计的 MPPT 电路如图 4-9 所示。

根据太阳电池的 *I-V* 特性曲线，当环境温度一定时，在不同的日照强度下，最大功率点所对应的输出电压基本相同，即只要保持太阳电池的输出端电压为恒定电压，就可以基本保证在该温度下光照强度不同时，太阳电池输出最大功率。

但是在环境温度变化时，太阳电池最大功率点对应的电压随温度大致按照

–0.4%/℃ 的温度系数变化。在环境温度为 25℃ 时，CN3722 的 MPPT 管脚(7 脚)电压被调制在 1.04V，其温度系数为–0.4%/℃，配合片外 R3 和 R8 两个电阻构成的分压网络，可以实现对太阳电池最大功率点进行跟踪。这种最大功率点跟踪方法非常适合四季温差比较大或者日温差比较大的情形。

在 25℃ 时，太阳电池最大功率点电压 U_{MPPT} 由式(4-9)决定：

$$U_{\mathrm{MPPT}}=1.04\left(1+\frac{R_8}{R_3}\right) \tag{4-9}$$

若 $R_8 = 110\mathrm{k\Omega}$，$R_3 = 6.9\ \mathrm{k\Omega}$，则 $U_{\mathrm{MPPT}}=17.6\mathrm{V}$。

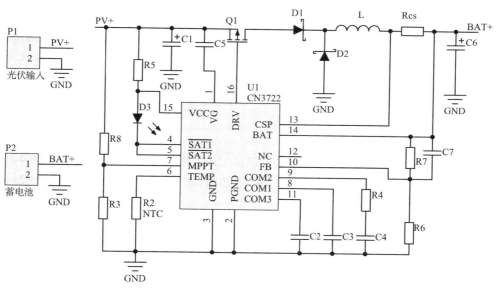

图 4-9　以 CN3722 为主器件设计的 MPPT 电路图

为了监测电池温度，需要在 TEMP 管脚(6 脚)和 GND 管脚之间连接一个 $10\mathrm{k\Omega}$ 的负温度系数的热敏电阻。如果电池温度超出正常范围，充电过程将被暂停，直到电池温度恢复到正常温度范围为止。

CN3722 内部还有一个过压比较器，当 BAT 管脚(14 脚)电压由于负载变化或者突然移走电池等原因而上升，而且电压上升到恒压充电电压的 1.08 倍时，过压比较器动作，关断片外的 P 沟道 MOS 管 Q1，充电器暂时停止充电，直到 BAT 管脚电压回复到恒压充电电压以下。在某些情况下，如电池没有连接到充电器上，或者电池突然断开，BAT 管脚的电压可能会达到过压保护阈值，为正常现象。

选取电感值时，可将电感 L 纹波电流限制在 $\Delta I_{\mathrm{L}}=0.4I_{\mathrm{CH}}$，$I_{\mathrm{CH}}$ 是充电电流。

最大电感纹波电流 ΔI_L 出现在输入电压最大值和电感最小值的情况下。所以充电电流较低时，应该选用较大的电感值。电感值的选择如表 4-2 所示。

表 4-2　电感值的选择

充电电流/A	输入电压>20V	输入电压<20V	充电电流/A	输入电压>20V	输入电压<20V
1	40μH	30μH	4	15μH	10μH
2	30μH	20μH	5	10μH	80μH
3	20μH	15μH			

　　选择 P 沟道 MOS 管 Q1 时，应综合考虑转换效率、功耗以及最高温度。很多型号的 MOS 管，如 AO4459、STM9435（或 WT9435）和 AO3407A，都可以选用。

　　二极管 D1 和 D2 均为肖特基二极管。这两个二极管通过电流能力至少要比充电电流大；二极管的耐压要大于最低输入电压。在充电电流比较大时，二极管会有比较大的功耗，所以对二极管的散热要给予充分的考虑。

4.7.3　基于单片机的方案

　　以单片机 STC12C5A60S2 为核心，包含 MPPT 电路的光伏控制器电路如图 4-10 所示。转换器采用升压降压双模式拓扑电路结构，这样的电路结构可以在 10～25V 范围内将输出电压稳定到 12V。

　　STC12C5A60S2 单片机是单时钟/机器周期（1T）8051 单片机，与 8051 单片机管脚、外设、指令完全兼容，具有高速、低功耗及超强抗干扰等特点，指令代码的执行速度比 8051 快 8～12 倍。芯片内部集成了 MAX810 专用复位电路，可以省掉外部复位电路，内部还集成了硬件看门狗（WDT）。外设有 2 路 PWM，8 路高速 10 位 A/D 转换器（速度达 25 万次/秒），2 个全双工异步串行口（UART），支持主模式和从模式的高速同步通信端口（SPI）。STC12C5A60S2 单片机几乎包含了设计典型测控系统所必需的全部部件，适合光伏检测等数据采集速率低的场合。

　　MPPT 控制策略采用基于占空比为控制变量的干扰观测法，将 MPPT 和 DC-DC 转换器结合起来，用高效率的 DC-DC 转换器起太阳能光伏电池负载的阻抗变换作用。

　　L1、Q1、D1 构成升压电路，L2、Q2、D2 构成降压电路。电路控制可以将升压电路的输出总是升高到降压电路的最小输入电压之上，测量光伏电压（VAD0），根据当前的占空比可以计算出升压电路的输出电压。测量 R2 电阻上的电压 VAD1，可以计算出流过 R2 的电流。在 PWM 脉冲高电平期间流过 R2 的平

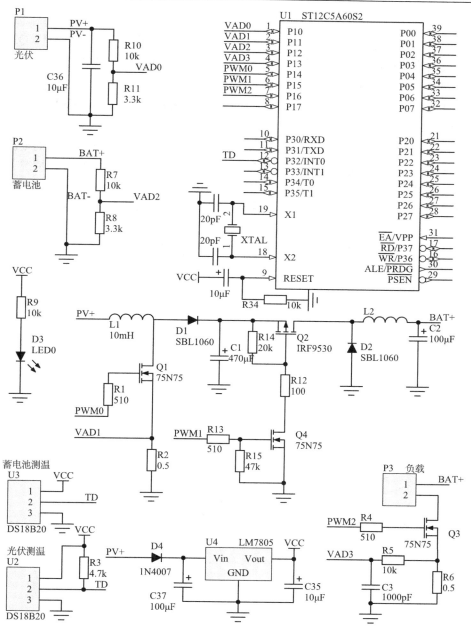

图 4-10　包含 MPPT 电路的光伏控制器电路

均电流等于脉冲低电平期间流过 L1 的平均电流，计算出升压电路的平均输出电流，并算出输出功率。调节 Q1 的控制信号 PWM0，改变占空比，改变了输出电压和输出功率，可以实现太阳能最大功率点跟踪。

　　测量蓄电池温度(U3)，测量蓄电池电压 VAD2，根据蓄电池电压和温度补偿值计算蓄电池的充电电压，由此充电电压计算占空比，调节 Q4 的 PWM1。Q3 完成对负载的控制，VAD3 测量负载电流，PWM2 调节 Q3 的导通改变负载平均电压的大小，调节负载电流。

　　MPPT 程序模块流程如图 4-11 所示。在初始化后，通过电流(VAD1)和电压(VAD0)的采样测量，可获得光伏电池的输出功率，在输出电压稳定的状态下，通过占空比微调 ΔD，使光伏电池的输出电压有微量变化，再检测光伏电池的电流变化，计算输出功率的变化，在设定的算法(功率扰动法)和当时的环境变量情况下，判断功率变化量的变化方向(变大或变小)，然后决定下一阶段的占空比的变化方向。如果功率的变化小于设定的一个微小量 P_0，则判定找到了最大输出功率点，返回继续重复检测光伏的电压电流，继续寻找新的最大输出功率工作点。如果功率的变化大于设定的一个微小量 P_0，根据功率变动的正负确定占空比的改变方向。

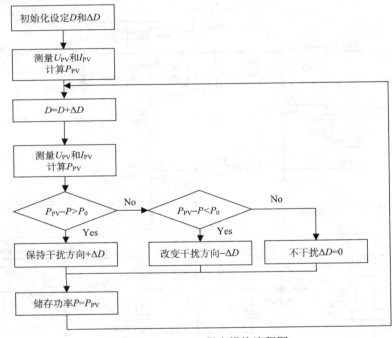

图 4-11　MPPT 程序模块流程图

　　充电程度、放电深度和温度这 3 个方面对于蓄电池比较重要，在设计中，将蓄电池的管理和 MPPT 的工作过程统一控制，有利于提高蓄电池和整个系统的工作效率，有利于延长蓄电池的工作寿命。

4.7.4　练习与发挥

（1）了解可编程 MPPT 控制器集成电路 SM72442 的主要特性，根据 SM72442 数据手册提供的可编程 MPPT 控制器方案实现 MPPT 功能。

（2）在基于单片机的 MPPT 实现方案中，实现控制策略为电导增量法的软硬件设计。

4.8　光伏汇流数据采集模块设计

任务：在 4 路输入的光伏汇流箱中，设计一个对光伏电压电流输入采集的电路，核心器件使用 STC12C5A60S2 单片机。

要求：单路输入电压小于 210V，单路最大输入电流 20A。具有光伏信号显示，预留 RS485 通信接口。

4.8.1　原理与方案

汇流箱是将多个光伏组串接入，通过熔断器保护后，接光伏防反二极管，防止逆流产生，再通过直流断路器，接入逆变器中。其结构图如图 4-12 所示。为了提高系统的可靠性和实用性，一般都会在光伏汇流箱里配置防雷器，当雷击发生时能将过大的电能泄放掉，从而避免对光伏系统带来的损害。

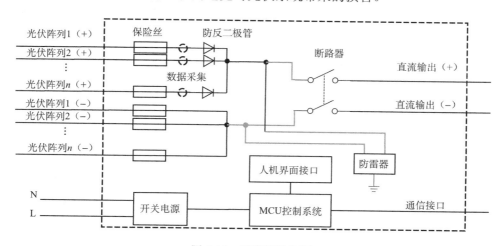

图 4-12　汇流箱结构图

汇流箱的数据采集模块，用于监测光伏电池阵列运行状态，实现对光伏电流、电压信息的采集，还可以采集开关防雷器、直流断路器状态，设置外部输入的风速、温度、辐照仪等传感器接口，数码管循环显示每通道的数据并通过 RS485 接口上传数据到上位机，实现对汇流箱的实时监控。

4 路光伏电压和 4 路光伏电流分别通过互感器将高压、大电流转换低压小电流信号(电压检测也可以使用直接电阻分压的方法获得)，通过调理(放大)电路与单片机连接，再经单片机 AD 转换出数据。显示用液晶显示器(LCD)，单片机将数据逐个显示于 12864LCD 或 1602LCD，通过动态扫描将 8 路数据轮流显示。通过 RS485 电路可以与上位机通信。辅助电源提供采集电路的工作电源。

4.8.2 关键设计

1) 电流电压测量

考虑到电路的简化和隔离，电流测量器件采用了霍尔传感器，电压测量采用了电阻分压方式。

使用 UGN3501T 测量电流，组成如图 4-13 所示的电流测量电路，测量输入电流范围–50～+50A。为保证单片机输入正常，输入电流方向连接保证为正电流，电路的输出电压为 0～5V。

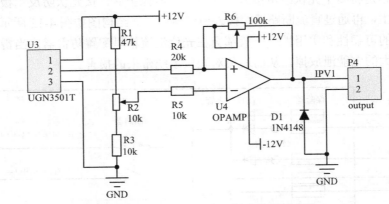

图 4-13　使用 UGN3501T 的电流测量电路

UGN3501T 是一种常用三端型的线性霍尔元件。它由稳压器、霍尔发生器和放大器组成。将霍尔元件置于钳形冷轧硅钢片的空隙中，当有电流流过导线时，就会在钳形圆环中产生磁场，其大小正比于流过导线电流的安匝数；这个磁场作用于霍尔元件，感应出相应的霍尔电势，其灵敏度为 7V/T(电流灵敏度 0.1V/A)，线性放大后输出至单片机，组成数字式电流测量。调试时，如果导线中的电流为零，调节 R2 使输出为零。然后输入 50A 的电流，调 R6 使输出为 5V；反向输入 –50A 电流，输出为–5V。反复调节 R2、R6 即可。

对太阳电池板电压的检测采用电阻分压电路，适当选择分压电阻，输出电压为 0～5V。

2)单片机显示与通信电路

以 STC12C5A60S2 单片机为核心的汇流箱数据采集电路图如图 4-14 所示。图中包括了单片机复位电路、晶振电路、数据采集输入电路、LCD 显示电路和 RS485 通信电路。

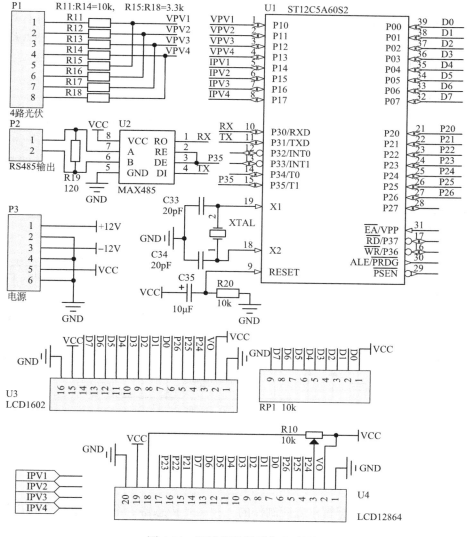

图 4-14　汇流箱数据采集电路图

晶振电路由电容 C33、C34、晶振 XTAL 构成，晶振频率为 12MHz。R20、C35 构成复位电路。

R11～R18 电阻分压。获得光伏电压采样 VPV1～VPV4。

显示电路使用液晶显示器 U4（LCD12864）或 U3（LCD1602）。电路图中画出了两种接口，使用其中一个即可，LCD12864 可以获得更大的显示面积。使用 LCD12864 显示，PSB 脚接高电平，3 脚为调节液晶背光。按照驱动方式不同可分为静态驱动、纯矩阵驱动以及有源矩阵驱动 3 种。矩阵 LCD 的驱动系统包括了行驱动器、列驱动器、偏压电路、驱动电源发生器以及温度补偿电路。行移位寄存器的数据传输方式可看成串行方式，而列驱动器的数据传输方式是 8 位并行数据传输方式，并行传输方式利用了并行传输控制口的 RS、R/W、EN 信号和八位数据传输口 D0～D7 完成数据显示。

3）辅助电源

单片机和霍尔传感器使用±12V 和 5V 电源，辅助电源电路原理图如图 4-15 所示。

由交流 220V 的电压经过变压器的降压得到交流约 14V 电压，再经过四个二极管 1N4007 构成的单相桥式整流电路进行全波整流，输出±12V 的直流电，通过 LM7805 降压输出稳定的 5V 电压，GND 与汇流后的光伏地连接。辅助电路也可以设计为开关稳压电源。

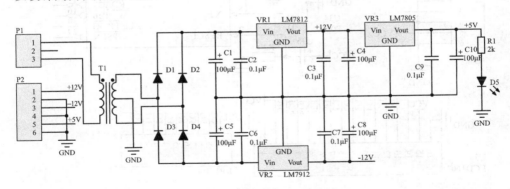

图 4-15　辅助电源电路原理图

4.8.3　霍尔传感器

霍尔传感器是根据霍尔效应制作的一种磁场传感器。霍尔传感器分为开关型霍尔传感器和线性霍尔传感器两种。

1) 开关型霍尔传感器

按照感应方式可将开关型霍尔传感器分为：单极性霍尔开关、双极性霍尔开关、全极性霍尔开关。单极性霍尔开关，在磁场的一个磁极靠近它时输出低电平，磁场磁极离开它输出高电平。而对于双极性霍尔开关，两个磁极分别控制双极性霍尔开关的高低电平，它一般具有锁定的作用，当磁极离开后霍尔输出信号不发生改变，直到另一个磁极感应。全极性霍尔开关的感应方式与单极性霍尔开关的感应方式相似，区别在于，单极性霍尔开关会指定磁极(N 或 S，一般正面感应 N 极，背面感应 S 极)，而全极性霍尔开关不会指定磁极，任何磁极靠近输出低电平信号，离开输出高电平信号。

开关型霍尔传感器由稳压器、霍尔元件、差分放大器，施密特触发器和输出级组成，它输出数字量。如 CS277 霍尔开关电路，是一种单片式半导体集成电路。该电路由反向电压保护器、精密电压调节器、霍尔电压发生器、差分放大器、施密特触发器、温度补偿器和互补型集电极开路输出器七部分组成。电压调节器能从 3.5～20V 电源电压变化时保证该电路正常工作；反向保护器，当电源反接或在使用过程中受到反向脉冲电压的干扰时，对电路起保护作用，保护电压可达 30V；霍尔电压发生器，将变化的磁信号转换成相应的电信号；差分放大器，将霍尔电压发生器输出的微弱电压信号放大；施密特触发器，将差分放大器输出的模拟信号转换成数字信号；温度补偿器，确保集成电路在–20～+85℃可靠地工作；互补输出器，具有工作电压范围宽、磁灵敏度高、负载和反向保护能力强等特点。CS277霍尔开关电路由于具有高达 400mA 的负载能力，并且是互补型输出，常作为高灵敏的无触点开关，在直流无刷电机等设备中使用。

2) 线性霍尔传感器

线性霍尔传感器由霍尔元件、线性放大器和射随器组成，输出模拟量。线性霍尔传感器又可分为开环式和闭环式。闭环式线性霍尔传感器又称零磁通霍尔传感器、磁平衡式电流传感器、补偿式传感器。线性霍尔传感器主要用于交直流电流和电压测量。

(1)开环式线性霍尔电流传感器工作原理。

当电流通过一根长导线时，在导线周围将产生一磁场，这一磁场的大小与流过导线的电流成正比，它可以通过磁芯聚集感应到霍尔器件上并使其有一信号输出。这一信号经信号放大器放大后直接输出，一般的额定输出标定为 4V。其优点是不与被测电路发生电接触，不影响被测电路，不消耗被测电源的功率。

(2)闭环式线性霍尔电流传感器工作原理。

　　主回路被测电流，通过次级线圈的电流产生磁场，对主回路被测电流产生的磁场进行补偿，从而使霍尔器件处于检测零磁通的工作状态。第一个磁通量是原边电流产生的，第二个磁通量是原边电流产生的霍尔电压经放大产生的电流通过次级线圈所产生的磁通量，二者相平衡。

　　闭环式线性霍尔电流传感器的具体工作过程：当主回路有一电流 Ip 通过时，在导线上产生的磁场被聚磁环聚集并感应到霍尔器件上，所产生的信号输出用于驱动相应的功率管并使其导通，从而获得一个补偿电流 Is。Is 电流通过多匝绕组产生磁场 ES，该磁场与被测电流产生的磁场正好相反，因而补偿了原来的磁场，使霍尔器件的输出逐渐减小。当磁场 ES 的大小与 Ip 产生的磁场 EP 相等时，Is 不再增加，这时的霍尔器件起指示零磁通的作用。被测电流的任何变化都会破坏这一平衡。一旦磁场失去平衡，霍尔器件就有信号输出。经功率放大后，立即就有相应的电流流过次级绕组对失衡的磁场进行补偿。

　　3）使用注意事项

　　(1)开路输出的霍尔器件电路，应在电源和输出端之间接上拉电阻。在外界环境具有大电流和高电压脉冲等条件恶劣的应用领域，为避免损伤霍尔器件要增加大电容及稳压二极管保护电路，还要注意防静电保护。

　　(2)为避免电路反接，一般在传感器内部有反向保护电路。一般来说，瞬间低电压反接不会对电路造成伤害，但应避免人为长时间反接。

　　(3)在使用安装时应尽量减少施加到器件外壳和引线上的机械应力，特别是器件引脚上根部 3mm 内是不可以施加任何机械应力(如弯曲整形等)的，必要时使用管腿护套等保护措施。工作环境温度升高，距离增加都可能会引起磁场的衰减，可以使用高斯计测量磁场的变化。在霍尔开关电路选型时要充分考虑磁场衰减、温度、运动方式等因素的影响，按被测电流电压大小选择合适输入输出范围的器件，并留有余量，过大的余量会使误差增大。

　　(4)焊接温度过高会损坏霍尔器件造成性能偏差或器件失效,手工焊接时焊接时间、焊接温度不得过长、过高，必须严格规范。

　　(5)电流互感器的一次绕组和被测线路串联，二次绕组和电测仪表串联，接线时必须注意电流互感器的极性，只有极性连接正确，才能准确测量和计量。

　　(6)电流互感器二次绕组不允许开路，否则将产生高电压，危及设备和运行人员的安全，同时因铁心过热，有烧坏互感器的可能，电流互感器的误差也有所增大。

4）常用检测型电流互感器

Allegro MicroSystems 公司开发了一系列全面集成的霍尔效应电流传感器和霍尔效应线性集成电路，可提供与外加 AC 或 DC 电流成比例的高精确度、低噪声输出电压信号。这些电流传感器 IC 有很多应用。常用的有 ACS7 系列，是整合式导体传感器，可以用于电力监测，其电流感应范围为 0～50A 和 50～200A。该系列 IC 是小型低厚度封装，非常适用于想减少 PCB 面积的电路。

日本田村制作所生产的霍尔电流传感器，用于太阳能逆变器、风能逆变器、变频器、电机驱动等设备，有 F 系列、L 系列，测量的电流范围多为 6～50A，最大到 800A。

4.8.4　练习与发挥

（1）采集光伏工作电压并显示（可用 4 位 8 段 LED 数码管代替 LCD）。添加 DS1302 时钟芯片和 DS18B20 温度采集电路，显示时间日期和温度值。

（2）重新编写软件，仅使用一路光伏组件输入，每 5min 记录一次数据电压值，使用 LCD12864 作为显示器，按键翻阅记录数据，实现太阳能光辐射记录仪的功能。

（3）以本题目设计要求为基础，添加 4 位独立按键设置电流门限值，添加蜂鸣器报警电路。

（4）使用 LCD12864，设计数控恒压电路，实现光伏组件的 I-V 特性测量和显示。

4.9　小型光伏离网逆变电路设计

任务：设计一个小功率单相离网逆变电路。

要求：光伏组串 320V 以上直流输入，主电路 H 桥逆变输出，采用单片机 PIC16F877A 做主控单元产生 SPWM 驱动信号，开环控制。输出电压为 220V 交流，波形为正弦波，输出功率为 500W，具有输出信号指示和散热设计，画出电路原理图、PCB 图。

4.9.1　原理与方案

小功率单相离网逆变电路结构图如图 4-16 所示，PIC16F877A 为主控单片机的型号，其他部分包括逆变主电路和数据采集、死区保护、驱动电路、辅助电源模块。

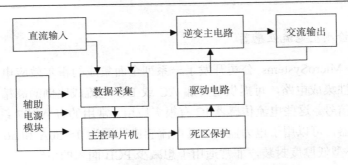

图 4-16　小功率单相离网逆变电路结构图

逆变主电路设计：320V 直流电输入，H 桥逆变电路。

主控制电路设计：采用 PIC 单片机中的 16F877A 为核心处理器，输出四路用于控制 H 桥逆变电路的 SPWM 信号，具有过流保护功能，能够起软件保护作用。上下管要有一定的死区时间（10～30μs），正弦信号波频率为 50Hz 可微调。

1）主电路

单相全桥逆变电路的主电路原理图如图 4-17 所示。全桥逆变电路将直流电变成正弦交流电，负载 RL 处需要接 LC 滤波器滤除开关频率及邻近频率的谐波后可得到正弦波。为了保证安全，在输入端接一个 3A 的保险丝 F1。

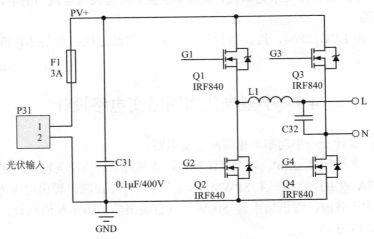

图 4-17　单相全桥逆变电路的主电路

如果光伏输入电压低，则可以在主电路前增加逆变器前级，将输入电压升至该全桥逆变主电路所需的电压。如果光伏输入电压高，可以满足主电路逆变后的交流电幅值要求，则可以不用逆变器前级电路。逆变器前级电路一般采用推挽电路，可以采用开环结构，也可以采用闭环结构。若采用闭环结构，将推挽输出的直流电压反馈至输入端，使输出后的直流电压比较稳定。光伏输入电压为 320～420V，通过改变主电路 SPWM 的调制度可以保证后级输出交流 220V 电压稳定。

场效应管 Q1～Q4 取额定电压为 460V 以上、额定电流 3.9A 以上的开关器件即可(输出功率为 500W，输出电流为 2.3A 左右)，型号 IRF840 场效应管的最大漏极电流为 8A，最大漏源电压为 500V，可以满足要求。电路中各场效应管的栅极控制信号来自控制电路。电路工作时 G1 和 G4 的控制信号相同，G2 和 G3 的控制信号相同。G1 和 G2 的通断状态互补，G3 和 G4 的通断状态也互补。单片机产生双极性的 SPWM 波，输出即为单相正弦波。

2) 检测电路

检测包括光伏直流电和输出交流电的电压检测，光伏电压检测可以采用分压的办法，交流电压检测可以使用电压互感器，开环设计无交流电压采样。

光伏直流和交流电压采样电路如图 4-18 所示，其基本原理为直流电压经过多个电阻串联分压后经过滤波，再通过电压跟随器和后级电阻再次进行分压，接着通过两个二极管使得输出电压处于 0～5V，最后送入 A/D 输入引脚 CHKA。

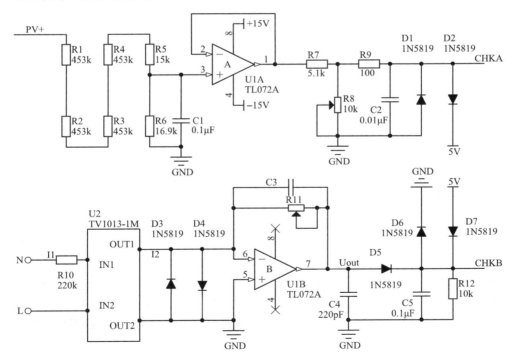

图 4-18　电压采样电路

交流电压采样电路采用 TV1013-1M 电压传感器，这是一种电流型电压互感器，所以次级电路不能开路。交流输入电压经过采样电阻 R1 转化为原边电流，副边电流通过运放，电阻转变成电压输出。$I_1 = \dfrac{U_{\text{in}}}{R_1}$，$I_1$ 为传感器原边电流，U_{in} 为 N、L 输入电压值；$C_3 = \dfrac{4500}{\omega R_{11}}(\mu\text{F})$，其中 ω 为输入正弦电压的角频率；传感器输出电压 $U_{\text{out}} = I_2 R_{11}$，$I_2$ 为传感器副边电流，调节 R11 使得 CHKB 输出电压为 0～5V。

3）控制电路

控制电路包含单片机电路、驱动电路、自举电路、死区电路几部分，电路原理图如图 4-19 所示。

（1）PIC 单片机电路。

单片机电路含有上电复位、晶振电路，信号发生电路。单片机 PIC16F877A 的复位引脚为低电平有效复位，在刚上电时，由于电容 C7 两端电压不能突变，复位引脚为低电平，电容经过一段时间的充电，复位引脚电位逐渐上升，直到达到高电平完成复位，单片机开始工作。PIC16F877A 工作电压范围宽，可以在 2.0～5.5V 范围内工作。

PIC 单片机上电后，单片机利用内部的 CCP 模块在 RC2 口输出正弦信号频率为 50Hz 的 SPWM 波，系统初始化结束。SPWM 信号通过死区电路后控制光耦隔离器输出驱动信号，进而控制逆变主电路 H 桥工作。

（2）驱动电路。驱动电路的工作原理是，采用四路高速光耦隔离器 HCPL3120 分别驱动 H 桥的四个 MOS 管及实现控制信号与主电路的 I/O 隔离，当信号输入端 QD1 或 QD2 为低电平时，芯片内部的光耦三极管导通，光耦输出可以产生 2A 的电流，接入下拉电阻 R5、R6 是防止在 MOS 管不工作时对应的驱动管脚悬空，从而收到干扰脉冲导致管子误触发。

（3）自举电路。

图 4-17 中的四个 MOS 管（Q1～Q4）工作都需要独立电源，为了不使电路结构复杂，图 4-19 中采用了自举电路提供电源。当下管导通时，输入 15V 电压通过快恢复二极管、电容、下管形成回路，向相应的电容充电，电容上的电压达到充电电压。例如，Q2 导通时，图 4-17 中的 R7、D1、Q2 形成回路，向电容 C1、C2 充电，电容上的电压达到充电电压，Q1 的漏极电压得到提升。下管断开时，电容的上电压维持充电电压，负端的电位跟随下管的电压上升，自己将电位举起，这样电容上的电压就可以为上管驱动提供电源。

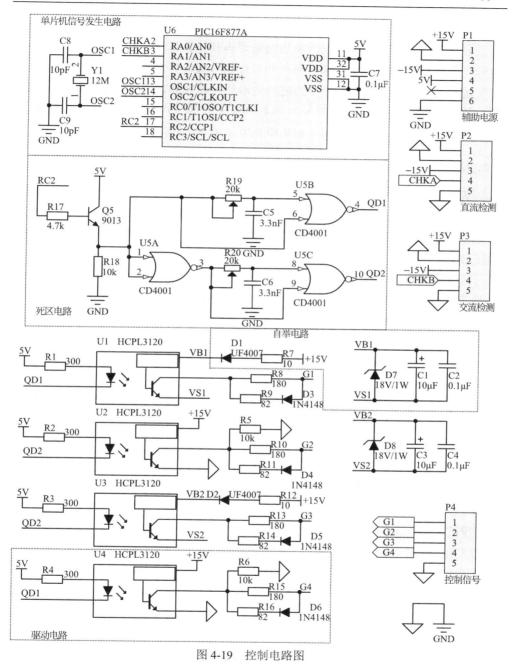

图 4-19　控制电路图

(4) 死区电路。

为了防止上下开关管发生同时导通的现象，需要设计死区电路来进行保护。单片机输出的 SPWM 信号，由或非门 U5（CD4001）和 RC 延时环节构成死区时间为高电平有效的带死区信号。单片机输出的 SPWM 信号先经过 Q5(9013)扩流，然后分为两路，一路信号经 RC 单边沿延迟再和输入信号或非生成信号，另一路信号先取反再经 RC 单边沿延迟后再和取反信号或非生成信号。为了使上下开关管有足够的保护时间，信号脉冲的前后边沿死区时间要求必须大于 10μs，一般取 10～30μs，根据 RC 延时时间计算公式 $T = RC$，则取得 $R = 4.8\mathrm{k}\Omega$，$C = 0.0033\mu\mathrm{F}$，电阻 R 可利用电位器来调整(即 R19 和 R20)，C 取固定值(即 C5、C6)。

4)辅助电源电路设计

为了给信号采集电路提供各种工作电源，需要设计一个与主电路隔离的辅助电源。辅助电源主电路常采用单端反激型开关电源电路结构。辅助电源的输入电压为 300～350VDC；输出的 3 路电压分别为+15VDC、−15VDC 和+5VDC；输出电压波动小于 1%。图 4-20 所示电路采用 UC3842 为控制芯片，用作开关电源的控制芯片较多，例如，使用 Topswitch 系列芯片构成开关电源也很常见，而且采用 TOP 系列芯片进行辅助电源的设计，利用 PI Expert 软件可以实现快速辅助设计。

5)主程序设计

主程序主要实现的任务有：系统的初始化、SPWM 信号的初始化、电压检测、计算 SPWM 高低电平维持时间值、SPWM 信号产生。

SPWM 信号的初始化包含了设置调制度和设置周期值。设置不同的调制度，可以改变脉宽的输出比例，影响输出电压幅值。设置不同的周期值，可以改变输出正弦波的频率。

在 SPWM 信号产生时，利用中断方式查询已计算出并存入数组 CCP_H 和数组 CCP_L 中的时间值，将时间值送入 CCPR1L，从而实现 SPWM 信号输出。图 4-21 是主程序流程图。

PIC 单片机初始化设置：系统所用晶振 12MHz，计算得指令周期即计时步阶为 0.33μs。PIC 单片机 CCP 外围功能模块的 PWM 功能实现主要依靠相关寄存器值的设定，且以定时器 2(TMR2)作为 PWM 的时基。设 T 为 PWM 周期，T_H 为 PWM 高电平时间，CCP_L[96]放置 SPWM 波形中每个脉冲的低电平宽度时间值，CCP_H[96]中存放 SPWM 波形中每个脉冲的高电平宽度时间值。

相关寄存器的设置如下。

(1)SPWM 周期的设定由寄存器 PR2 设定。

(2)定时器 TMR2 的控制寄存器 T2CON 设定，因为 SPWM 频率高，周期短，但系统软件中采用查 PWM 脉宽的方式来修改 PWM 脉宽，所用时间少，可满足一个 PWM 周期改变一次脉宽的要求，故在此寄存器中设置后分频为 1∶16 即可。

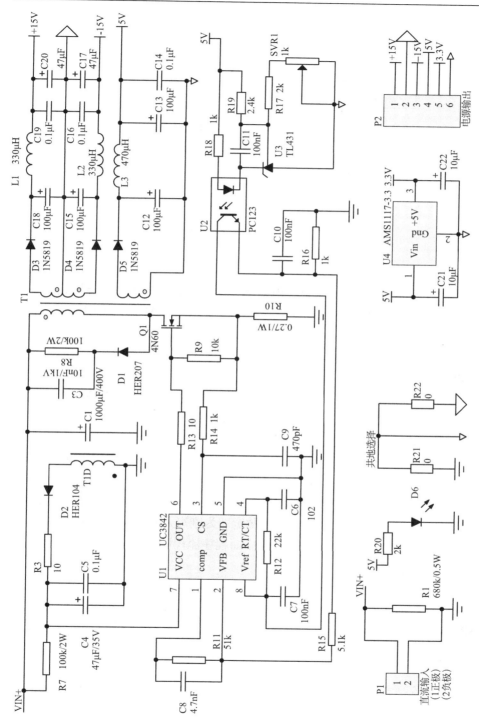

图 4-20　辅助电源电路原理图

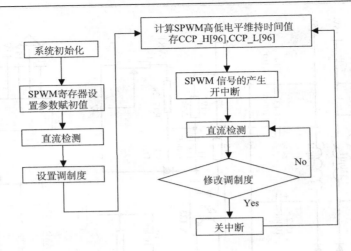

图 4-21　主程序流程图

（3）CCP 模块的控制寄存器 CCP1CON 的设定，选择 PWM 功能模式。

（4）根据 PWM 输出信号脉宽的公式计算出每个 PWM 周期 CCPR1L 的值。CCPR1L 脉宽写入寄存器。

（5）寄存器 TRISC 对应于 CCP1 的输入输出设置，应设置为输出形式。

SPWM 信号的产生过程如下。

（1）首先将之前设置的寄存器值写入相关寄存器，当 PIC 的 PWM 功能开启后 TMR2 从 0 开始计数，同时 CCP 模块引脚输出高电平。

（2）当 TMR2≥CCPR1L 时，PWM 功能引脚开始输出低电平。

（3）当 TMR2≥PR2 时，TMR2=0，重新开始另一个周期计数，PWM 功能引脚开始输出高电平。同时 TMR2 的中断标志位被系统置高，即 TMR2IF=1，转去执行中断服务程序。在中断服务程序中查找脉宽表，将下一个脉宽值写入寄存器 CCPR1L 中。下个周期输出的 PWM 的脉宽即为刚写入 CCPR1L 中的脉宽值，也就是说脉宽的变化在中断程序中实现，中断程序流程图如图 4-22 所示。

4.9.2　SPWM 技术

正弦波脉宽调制（SPWM）是脉冲宽度按照正弦波规律变化的 PWM 信号。生成 SPWM 的方法有计算法（自然采样法、规则采样法）、调制法、跟踪控制法。

1）计算法

计算法就是完全按照面积等原理，通过数字法解出各脉冲的宽度和间隔来生成 PWM。

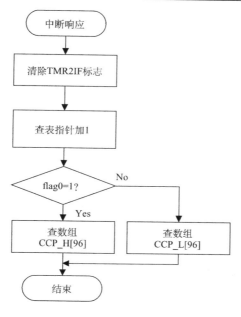

图 4-22　中断程序流程图

　　计算法要求解复杂的超越方程，在采用微机控制技术时需要花费大量的计算时间，难以实时控制在线计算，因而在工程上实际应用不多。实用的方法是将采样过程进行简化，成为规则采样法。

　　规则采样法是一种应用较广的工程实用方法，其效果接近自然采样法，但计算量却比自然采样法小得多。规则采样法分为对称规则采样法和不对称规则采样法。

　　对称规则采样法是以每个三角波的对称轴(顶点对称轴或底点对称轴)所对应的时间作为采样时刻，过三角波的对称轴与正弦波的交点，做平行时间轴的平行线，该平行线与三角波的两个腰的交点作为 SPWM 波"开"和"关"的时刻。因为这两个交点是对称的，所以称为规则采样法。这种方法实际是用一个阶梯波逼近正弦波。由于在每个三角波周期中只采样一次，计算得到简化。

　　如果既在三角波的顶点对称轴位置采样，又在三角波的底点对称位置采样，也就是每个载波周期采样两次，这样所形成的阶梯波与正弦波的逼近程度会显著提高。这种采样所形成的阶梯波与三角波的交点并不对称，因此称其为不对称规则采样法。

　　2)调制法

　　调制法则是将希望输出的波形作为调制信号，把接受调制的信号作为载波，通过信号波的调制得到所期望的 PWM 波形。通常采用等腰三角波或锯齿波作为载波信号，其中等腰三角波应用最多。

在 SPWM 逆变器中，载波频率与调制信号频率之比称为载波比。根据载波与信号波形是否同步及载波比的变化情况，SPWM 逆变器调制方式分为同步调制和异步调制。

同步调制的载波比等于整数，并在变频时使载波和信号波频率保持同步。在同步调制方式中，信号波一周期内输出脉冲数固定。

载波信号和调制信号不同步的调制方式即为异步调制。通常保持载波频率固定不变，当调制信号频率变化时，载波比是变化的。在采用异步调制方式时，希望尽量提高载波频率，在调制信号频率较高时仍能保持较大的载波比，从而改善输出特性。

同步调制比异步调制复杂，但用微机控制时容易实现。可在低频输出时采用异步调制方式，高频输出时切换到同步调制方式，这样把两者的优点结合起来，和分段同步方式效果接近。

逆变电路输出交流电压基波最大幅值和直流电压之比是直流电压利用率。提高直流电压利用率可以提高逆变器的输出能力，并且可以减少器件的开关次数、降低开关损耗。在 SPWM 逆变电路中，调制度为 1 时，直流电压利用率仅为 0.866，利用率较低，原因为调制信号的幅值不能超过三角波幅值。在实际电路中，考虑到功率器件的开通和关断的时间延迟，调制度小于 1，所以调制法实际能得到的直流电压利用率小于 0.866。当正弦波调制不能满足输出电压的要求时，改用梯形波调制，可以提高直流电压利用率。

3) 跟踪控制法

跟踪控制法不是信号波对载波进行调制，而是希望输出的电流或电压波形作为指令信号，把实际电流或电压波形作为反馈信号，通过两者的瞬时值比较来决定逆变电路各功率开关器件的通断，使实际的输出跟踪指令信号变化。跟踪控制方法中常用的有滞环比较法和三角波比较法。

滞环比较法，在跟踪型 PWM 变流电路中，电流滞环比较法应用最多。滞环环宽对跟踪性能有较大的影响。环宽过宽时，开关动作频率低，但跟踪误差增大；环宽过窄时，跟踪误差减小，但开关的动作频率过高，甚至会超过开关器件的允许频率范围，开关损耗随之增大。另外，和负载串联的电抗器 L，其作用是限制电流变化率。如果 L 过大，输出电流的变化率过小，则滞环开关管动作慢，电流跟踪变化慢；如果 L 过小，输出电流的变化率过大，则滞环开关管动作频率过高。滞环比较法的特点：硬件电路简单；属于闭环实时控制方式，电流响应快；不用载波，输出电压波形中不含特定频率的谐波分量；和计算法及调制法相比，相同开关频率时输出电流中高次谐波含量较多。

三角波比较法，并不是信号和三角波直接进行比较而产生 PWM 波形，而是闭环进行控制。把指令电流和实际输出电流进行比较，求出偏差，通过放大器将其放大后，再和三角波进行比较，产生 PWM 波形。放大器通常具有比例积分特性或比例特性，其系数直接影响电流跟踪特性。在这种三角波比较控制方式中，功率开关器件的开关频率是一定的，即等于载波频率，这给高频滤波器的设计带来了方便。同滞环比较法相比，这种控制方式输出电流所含的谐波少，因此用于对谐波和噪声要求严格的场合。

4.9.3　练习与发挥

(1) 编写单片机软件，产生两路带死区时间输出频率为 50Hz 的 SPWM 控制信号。

(2) 采用 TOP222 重新设计本题目的辅助电源。

(3) 用 STC15W4K60S4 单片机取代 PIC 单片机实现本设计所要求的功能。

(4) 用 STM32F10x 芯片取代 PIC 单片机实现本设计所要求的功能。

4.10　小型并网逆变器的设计

任务：光伏并网发电系统主要由光伏阵列、并网逆变器、滤波电抗器和逆变电路构成。设计一个以单片机为核心的输出单相交流电的小功率并网逆变电路。

要求：输入电压为 100～400V，额定输入电压 300V，最大直流功率 400W，单相交流输出，交流电压 220V，最大输出交流电流 1.5A，最大交流功率 330W。具有输出信号指示，外部连线采用栅栏式端子。分析孤岛效应及解决办法，输出交流电频率为 50Hz。可以使用 5～6 块 18V70W 组件串联测试。

4.10.1　原理与方案

光伏并网发电系统利用太阳电池板将太阳能转化为直流电能，再利用并网逆变器的受控电流源特性，控制逆变器运行在发电状态，将直流电转化为交流电馈送电网。并网逆变器是整个并网发电系统的核心装置，并网逆变器的性能决定着整个系统的性能。

单相光伏逆变系统的并网方式，按照隔离方式划分通常有两大类。

(1) 不采用隔离变压器直接并网，直流直接逆变成工频电压 (图 4-23 (a))，逆变器由二级组成，前级 DC-DC 变换器产生高压直流母线电压，后级 DC-AC 逆变器。前级 DC-DC 变换可以用于输入直流电升降压和 MPPT 功能。

(2)利用隔离变压器并网,其中隔离并网方式又分为工频隔离式(图 4-23(b))和高频隔离式(图 4-23(c))。

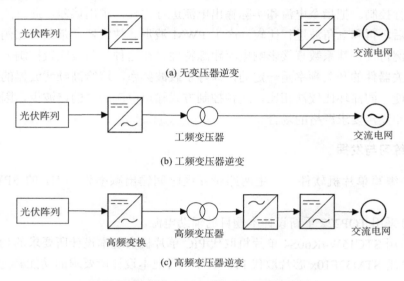

图 4-23　单相光伏逆变系统的并网方式

图 4-23(b)通过工频变压器并网,是目前应用最多的一种方式。采用工频变压器将逆变器输出电压与电网电压进行电气隔离,能够降低对逆变器输出电压的要求,可以用变压器将交流电幅值升至电网电压。另外,采用工频变压器能提升系统的安全性,隔离输出的直流分量,避免直流分量对电网的污染,但缺点是工频变压器重量大、体积大。

图 4-23(c)中直流通过高频变换、高频变压器产生高频高压脉冲,后级把高频高压脉冲整流后再逆变为交流电与电网连接。使用高频变压器的逆变器的缺点是,当逆变器开关管的频率过高时,会产生很大的开关损耗,使逆变器的效率降低。

本任务的逆变电路可以采用非隔离式直接并网。利用集成功率模块(IPM)或功率开关管构成桥式逆变主电路,控制则是通过单片机生成驱动主电路的 SPWM 信号来完成。

并网型逆变电路原理与离网型逆变电路原理基本相同。不同之处为:并网型逆变电路需要采集电网的电压电流信号,通过控制策略产生 SPWM 信号,使得并网逆变器输出的正弦电压与电网的相电压同频和同相。

常用的并网控制方法主要是电流控制方式,常用的电流控制方式又分为滞环比较控制的电流瞬时值比较控制方式、定时控制的电流瞬时值比较控制方式、跟踪实时电流的三角波比较控制方式。

光伏并网逆变电源关键技术较多，除了考虑高效率的电路结构和控制方式之外，还需要考虑电能质量、孤岛效应、最大功率跟踪、各种保护措施等。

4.10.2　关键设计

1) 单相并网逆变器主电路

根据单相电压源型 PWM 并网逆变器的数学模型可知，通过控制逆变器的桥臂电压来控制输出电流，在控制输出电流的同时，为提高光伏并网逆变系统发电量，充分利用在同等光照条件的光伏阵列所能提供的最大功率，在相应的光伏并网逆变器装置控制系统中引入了最大功率点跟踪技术。

图 4-24 所示为单相并网逆变器结构，包含前级 DC-DC 和后级 DC-AC 变换器，DC-AC 采用全桥逆变电路。直流母线 DClink 的电压为 400V，因为光伏输出的额定直流电压为 100～400V，所以 DC-DC 变换器采用 Boost 结构完成 MPPT 功能，维持 DClink 中间电压稳定。U51、U53 为电流互感器，检测直流和交流电流。

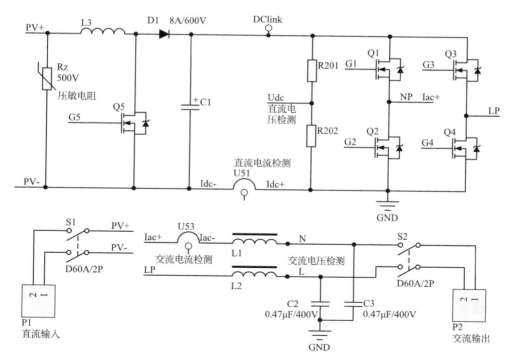

图 4-24　单相并网逆变器结构

压敏电阻 Rz 选用 32D621，最大连续工作电压直流 505V，交流 385V。Boost 电路中，功率管的开关频率取 20kHz，电感 L3 选取电感量为 5～10mH 的电感，C1 电容选取 47μF/450V，开关 Q5 选取 SKW15N60，D1 选用快恢复二极管 HFD0860，各器件可以保证功能并有足够的裕量。SKW15N60 耐压值为 600V，最大工作电流常温下为 31A，100℃时为 15A。二极管 HFD0860 最大工作电流 8A，反向耐压大于 600V。

2) 控制器

控制电路的核心采用数字信号处理器 DSP 芯片 TMS320F240，并网逆变器主要通过 TMS320F240 来实现数据采样、计算和 PWM 驱动信号发生，同时可以实现人机交互功能。

TMS320F240 控制原理图如图 4-25 所示，在 TMS320F240 芯片的外围辅以电流电压采样(包括模拟信号调理)电路、按键与 LED 显示、复位与时钟电路、驱动电路，完成电压和电流信号的采样、主电路控制信号的形成。

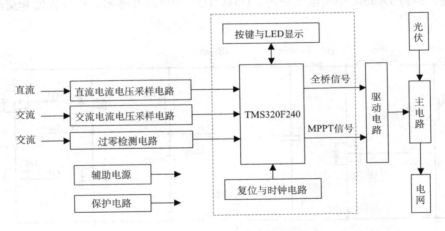

图 4-25　TMS320F240 控制原理图

3) 信号采样和驱动电路

系统中需要采样的信号可以分为直流信号与交流信号，采样电路分别有直流电流电压采样和交流电流电压采样。

直流电流电压采样电路如图 4-26 所示。直流电流采样使用霍尔电流传感器 L18P003D15，其额定工作电流为±3A，最大电流为±9A，在最大电流时输出电压为±4V，该传感器输入电流与输出电压的比值系数为 9/4，电流值等于采样电压值

乘以 2.25。输入最大直流功率 400W，如果用 18V100W 组件，直流输入短路电流
（光伏短路电流）为 6A，输出电压为 (6/2.25)<2.7V，采样信号经过射随器 U52A、
滤波（R53 和 C52）、箝位二极管（D51 和 D52）限幅后送到 DSP（Idc_CPU），使得
电流为 6A 时采集电压在 DSP 的工作电压范围内。

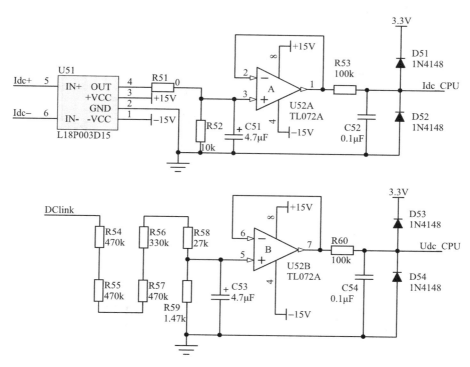

图 4-26　直流电流电压采样电路

　　直流电压采样电路可以不使用传感器利用电阻串联经过一定比例分压进行采
样。最大输入电压为 400V，DSP 允许最大采样电压为 3.3V，电阻分压比例为 400：
3.3。电压采样电路，也可以使用电压传感器 LV28-P 等器件测量。

　　交流电流采样电路中使用的电流传感器是 LA25-NP。该电流传感器是多挡可
调电流传感器，根据不同的接线方式初级额定电流可以是 5A、6A、8A、12A、
25A，设计中选用 5A 挡位。该电流传感器为电流输出型，将输出电流通过电阻转
换为电压信号，通过电压跟随器与加法电路将信号调整到 0～3.3V。交流电压采
样同样采用串联电阻按比例降压，采样电路后端利用减法电路得到 L、N 之间电
压，也可以通过有效值测量芯片 AD637 测量。交流电流电压采样电路如图 4-27
所示。

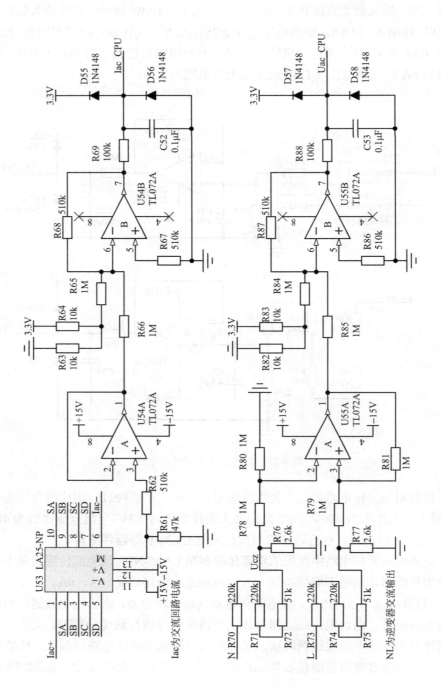

图 4-27　交流电流电压采样电路

要实现逆变器并网必须检测电网正向过零点，需要增加电网侧电压过零点检测电路，图 4-28 为电网侧过零点检测电路。为提高精度电路前端采用同相放大器将电网采样电压放大到−5～+5V。电压比较采用 LM339 比较器，阈值电压 0V，当输入电压大于阈值电压时 LM339 输出电压 3.3V；当采样电压小于阈值电压时为低电平。

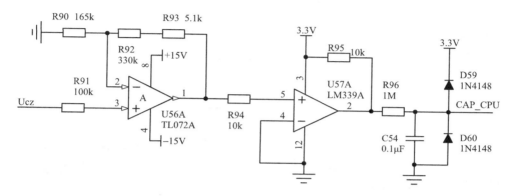

图 4-28　电网侧过零点检测电路

驱动电路的输入和输出是相互隔离的，驱动电路有电平转换功能，将 DSP 的+5V 控制电压转换为+15V 的 IGBT 驱动电压，然后控制 IGBT 开关管的开通或关断。一种方案是选用专用 IGBT 驱动电路，如 HCPL3120，H 桥的两个上管驱动电路电源采用两个 B0515-2W 隔离电源模块(输入电压 5V，输出电压 15V)，H 桥的两个下管驱动电路电源采用一个电源模块(可用辅助电源中的 15V)。隔离驱动电路另一方案是专用的集成电路，如 IR2104、IR2110 等，只用辅助电源供电即可。采用 IR2110 的隔离驱动电路如图 4-29 所示。

图 4-24 中的 Q1～Q4 组成的桥式电路，可以采用 IGBT 单管，也可以采用 IGBT 功率模块。功率模块内含有 4 个 IGBT 器件构成的单相桥式电路，如 25MT060WF。IGBT 功率模块电压信号控制，具有输入阻抗大、驱动功率小、控制电路简单、开关损耗小、通断速度快、工作频率高、元件容量大等优点。25MT060WF 的 C 极电流 25A，CE 结耐压 600V，开关频率大于 20kHz，热阻低而且自带散热片，电磁干扰小，适用于电焊机、不间断电源(UPS)和开关电源等设备。

4)辅助电路

辅助电源：为了给光伏并网逆变器的控制电路、信号采集电路及开关管驱动电路等提供各种工作电源，需要一个与主电路隔离的辅助电源。辅助电源电路图可以参考图 4-20 所示电路。辅助电源的输入电压为直流母线电压输入(也可以设计成输入交流电）；输出的电压分别为+15VDC、–15VDC、5VDC 和 3.3VDC；输出电压波动小于 1%，电路输出启用 3.3V 电源。

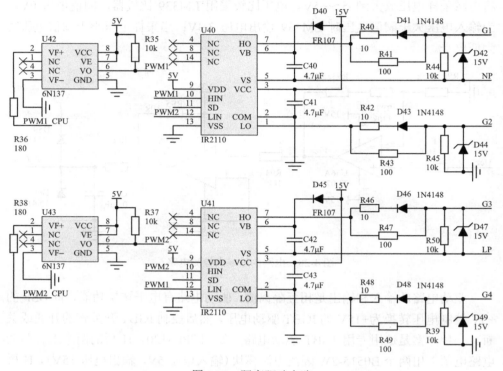

图 4-29　隔离驱动电路

防过流保护电路：通常为了防止电路过流或负载短路，在电路中接入了保险丝或用 PTC 热敏电阻制成的自恢复保护元件，防过流器件选用时要考虑适当的安全裕量。

防反接保护电路：在输入电池接反的情况下避免造成灾难性的后果，在逆变器中设计防反接保护电路。防反接保护电路主要有三种：反并肖特基二极管组成的防反接保护电路、采用继电器的防反接保护电路、采用 MOS 开关管的防反接保护电路。

5）程序设计

程序分为主程序、最大功率跟踪程序、SPWM 信号发生程序、人机交互程序几部分。

主程序主要是对 DSP 的初始化设置、I/O 端口、ADC 设备等初始化、开中断。

最大功率跟踪程序采用干扰观测法，通过改变占空比实现电压扰动，对比变化前后的功率值，确定下一次电压扰动方向，使得输出功率最大。

逆变器控制策略采用 PI 电流控制模式。PI 控制算法简单、开关频率固定、电流受控，逆变器对电网呈高阻抗，输出电流质量受电网波动影响小。系统首先通过过零检测电路检测电网电压频率、相位，使并网电流与电网电压同相位，并网电流给定值乘以离散的正弦表格数据作为并网电流给定值，将实际输出电流与并网电流给定值相比较，将比较结果送到 PI 调节器，通过 PI 调节器比较误差（误差放大固定倍数，超限则加补偿调节量），将调节得到的结果与特定的三角波进行比较从而得到 4 路 SPWM 波形（对应图 4-29 中 G1～G4），SPWM 波控制开关管的开通与关断，经电感 L 滤波后向电网输入同频同压的并网电流。

4.10.3　并网问题

并网逆变器要考虑孤岛现象和低电压穿越的问题，当逆变器的功率为中小功率时，可以不考虑低电压穿越。

1) 孤岛现象

有分布式电源的供电系统，其结构如图 4-30 所示。当电网供电时，因故障或停电维修而断供，但是各个用户端的分布式并网发电系统未能及时检测出停电状态，也不会将自身切离交流电网，这样就出现由分布电站并网发电系统和周围的负载组成的一个自给供电的孤岛。

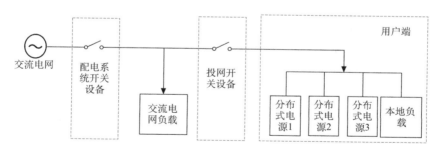

图 4-30　分布式电源的结构图

孤岛现象一旦产生将产生诸多危害，危及电网输电线路上维修人员的安全，影响配电系统上的保护开关的动作程序，影响传输电能质量，电网供电恢复后会造成相位不同步，三相负载缺相供电，因此对于一个并网系统必须能够进行反孤岛效应检测。

2）孤岛检测方法

第一种检测方法是被动式检测法。

被动式孤岛检测法通过检测逆变器的输出是否偏离并网标准规定的范围（如电压、频率或相位），判断孤岛效应是否发生。光伏并网发电系统并网运行过程中，要保证逆变器输出电压与电网同步，因此不断对逆变交流电进行电压、频率检测，以防止出现过压、欠压、过频，被动式孤岛检测法只需对已检测的电压、频率、输出电压和电流之间的相位进行判断，无须增加检测电路是其优点，但有可能漏检。

第二种检测方法是主动式检测法。

主动式孤岛检测法是指通过控制逆变器，使其输出电压、频率或相位存在一定的扰动。由于电网的平衡作用，这些扰动检测不到。一旦电网出现故障，逆变器输出的扰动将快速累积并超出并网标准允许的范围，从而触发孤岛效应的保护电路。主动式孤岛检测法检测精度高，检测盲区小，但是控制复杂且降低了逆变器输出电能的质量。

常用的主动式孤岛检测法为主动频率偏移法（AFD）检测。这种检测方法是，系统通过控制逆变器使其输出电压的频率与电网电压的频率存在一定的误差 Δf（Δf 在并网标准允许范围内）；当电网正常工作时，逆变器输出电压频率与电网电压频率的误差 Δf 始终在一个较小的范围内。当电网出现故障时，逆变器输出端的频率将发生变化，在逆变器下一个工频周期内，不断地以采集回的交流电频率为新基准，继续增加频率偏移，从而导致逆变器输出电压的频率与电网电压的频率误差进一步增加，直至逆变器输出频率超出并网标准的规定，从而触发孤岛效应的保护电路动作，切断逆变器与电网的连接。

3）三相交流电逆变器

图 4-31 为光伏输入三相交流电输出的并网逆变器主电路原理图，图 4-32 为三相并网逆变器控制方框图，采用 DC-DC 和 DC-AC 二级电路结构。

光伏输入后可以接 DC-DC 升压电路，作为最大功率点跟踪的控制，用 MPPT 控制器产生控制信号。将采集的电流 ia、ib、ic 信号通过三相静止坐标 abc 至两相旋转坐标 dq 变换，产生 id、iq 信号。iqref 为无功调节参考值，若无功 $Q=0$，则 i_{qref} =0。idref 调节有功功率，经 PI 调节器输出，接入两相旋转坐标 dq 至三相静止坐标 abc 变换，产生三相电压信号，对应出 SPWM 的三组信号，驱动逆变桥的 6 个（G1～G6）控制信号。采集的电压 ea、eb、ec 通过数字锁相环，产生坐标变换用的角度 θ。L1～L3、C3～C5 构成 LC 滤波电路。

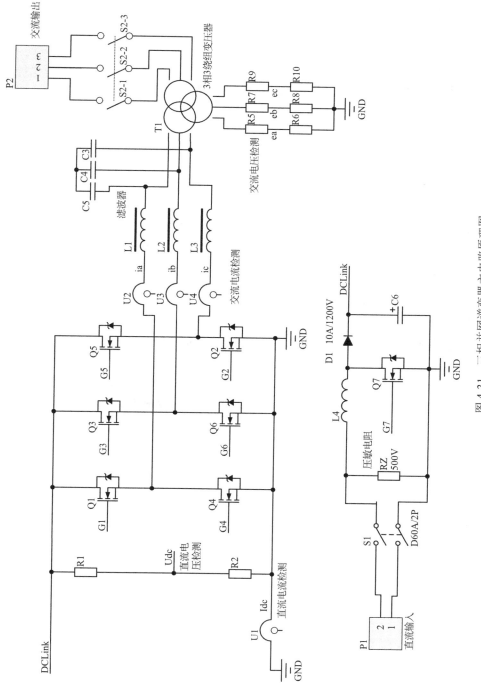

图 4-31　三相并网逆变器主电路原理图

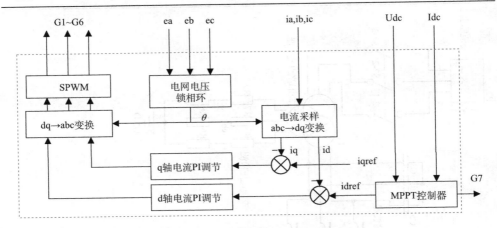

图 4-32　三相并网逆变器控制方框图

4.10.4　练习与发挥

（1）输入改为单块 17V/100W 光伏组件输入，考虑开关管的过流保护和逆变器的雷击过电压保护，单相逆变电路需要做哪些改动？

（2）在本题目单相逆变电路中，去掉输入的 DC-DC Boost 电路采用工频变压器并网，重新设计电路。

（3）以 STM32F10x 为硬件控制器，使用 C 语言编写 SVPWM 信号发生程序。

（4）使用 C 语言，以 STC15W4KxxS4 系列单片机为硬件，设计输出两路互补的 SPWM 信号。

第5章 光伏发电系统与应用

5.1 太阳能频闪灯

任务: 设计一个太阳能供电的 LED 频闪灯(或称爆闪灯),两种颜色 LED 交替闪烁。

要求: 电路工作电压为 12V,最大电流小于 0.5A,闪光频率可微调,无光可以不工作。每色 LED 灯用一块 PCB 板,用多个 LED 串并联构成频闪灯,板四周有固定安装孔,LED 灯板和控制板通过接插件、导线连接。

5.1.1 原理与方案

太阳电池作为电源,如果只是在有光时正常工作、性能要求不高的情况下,电源不需要蓄电池,可以直接使用光伏电源。设计的关键就在于如何设计电路实现爆闪灯的要求。爆闪灯可以通过交替产生时序控制信号,分别控制不同的灯开通或关闭,形成灯交替闪烁的效果。时序控制信号电路主要有以下几种方案。

方案一,使用双稳态电路实现太阳能频闪灯。

方案二,用定时(时基)电路实现太阳能频闪灯。

方案三,使用单片机控制实现频闪灯。

5.1.2 使用双稳态电路设计方案

使用双稳态电路实现的 LED 频闪灯电路图,如图 5-1 所示(可以不接蓄电池 BT1)。改变 R2、R3 和 C1、C2 的大小,就是改变电容的充放电时间,调节 LED 灯闪烁的频率。

5.1.3 使用定时或时基电路方案

使用定时或时基电路的 LED 频闪灯电路图如图 5-2 所示。

U1 和 U2 是 NE555 集成电路,构成以 NE555 为核心的振荡电路,调节电位器 R2、R4 可以改变输出信号的频率。两路输出,一路闪几次,R2 调节闪光频率,R4 调节每次闪光的次数。

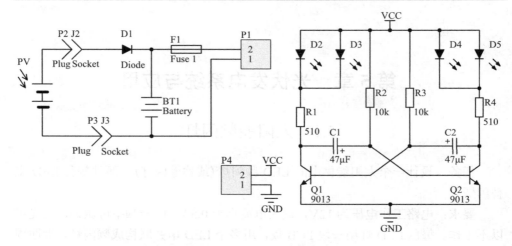

图 5-1 使用双稳态电路的频闪灯电路图

P1 为外接电源接口，电压范围为 5～18V，可以将光伏电源直接接入 P1 口。光伏发电的电路可以参考图 5-1 中的 P1 接口电路。带 P4 接口的电路为 LED 灯板电路，可以制作两种颜色的 LED 灯板，分别接入频闪灯电路的 P2、P3 接口，灯的数量和排列可根据实际使用要求设计，LED 灯串的限流电阻 R11～R14 根据实际发光效果短路或接小电阻。R7、R9 为 LED 灯的限流电阻，根据灯的串并联方式和总数量来计算限流电阻的阻值。根据 LED 灯的总电流选择开关管 Q1 和 Q2 的电流值，Q1 和 Q2 的耐压值大于 VCC，本电路 VCC 电压较低，所以，Q1 和 Q2 的耐压值要求容易满足。Q1、Q2 可选用功率三极管。Q3、Q4 起控制作用，使用小功率三极管即可。R5、R6、R8、R10 起的作用是提供三极管的基极电流，可以根据三极管的放大倍数和工作状态计算各电阻值。

5.1.4 使用单片机控制的方案

采用 PWM 方式恒压恒流控制 LED 频闪灯，以单片机 ST12C5A60S2 为硬件核心，单片机的 P1.3 和 P1.4 端口分别对应 PCA0 和 PCA1 两个模块(默认设置)，将这两个端口设为 PWM 输出可控制两路大功率 LED 调光。图 5-3 是单片机控制的 LED 频闪灯电路原理图。如果使用软件产生 PWM 信号，可以不使用 P1.3 和 P1.4 端口，用任意的 I/O 端口实现控制负载，多路 PWM 输出可以控制多路负载。如果用 STC15F 和 STC15L 系列单片机有 3 路 PWM 输出，STC15W 系列单片机有 6 路 PWM 输出，可以不用软件模拟的方法产生 3～6 路的 PWM 信号。

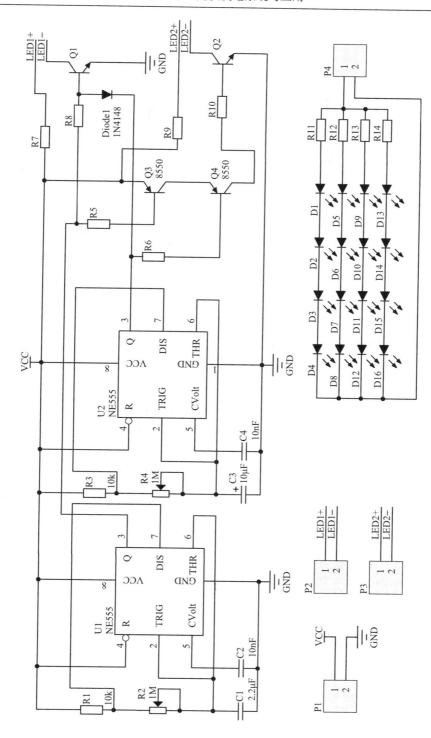

图 5-2 使用定时或时基电路频闪灯电路图

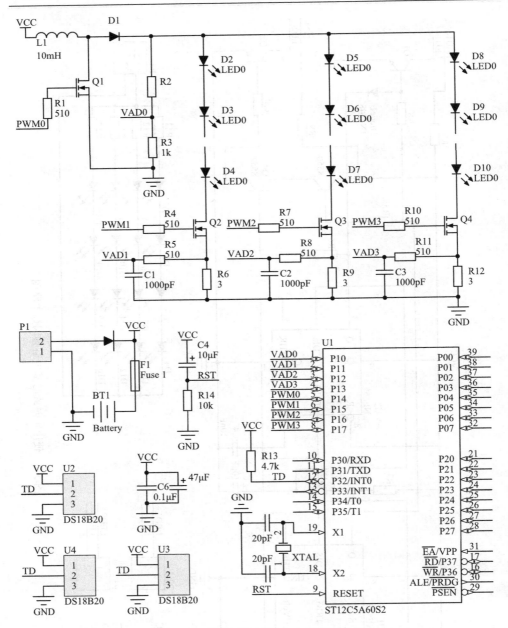

图 5-3　单片机控制的 LED 频闪灯电路

在图 5-3 中，电感 L1、功率 MOS 管 Q1 和 D1 构成升压型 DC-DC 转换器，通过控制 PWM0 信号的占空比，获得一个稳定的直流输出电压，该输出电压通过 R2、R3 分压采样，返回单片机 VAD0 信号，判断占空比的增加或减小。PWM1、

PWM2 和 PWM3 这 3 个 PWM 通道进行多路 LED 频闪灯的恒流控制，R6、R9、R12 提供 LED 频闪灯驱动电路的电流反馈采样，采样信号 VAD1、VAD2、VAD3。

U2、U3、U4 采用数字温度传感器 DS18B20。DS18B20 是常用的数字温度传感器，具有体积小、硬件简单、抗干扰能力强、精度高的特点。DS18B20 数字温度传感器接线方便，封装成管道式、螺纹式、磁铁吸附式、不锈钢封装式等，可用于仓库机房测温、机电设备测温等各种非极限温度场合。DS18B20 的电源可以由数据线本身提供而不需要外部电源(外部电源 3.0～5.5V)，每一个 DS18B20 给定了唯一的序号，多个 DS18B20 可以连接在同一条单线总线上。

温度敏感器件 DS18B20 的测量范围为–55～+125℃，内部有配置寄存器用于设置温度分辨率和最大转换时间。配置寄存器中的 bit7、bit6 为标志位 R1、R0，是温度的设定位。R1、R0 的不同组合可以将 DS18B20 配置为 9 位、10 位、11 位、12 位的温度传感器，并确定不同的温度转化所需转化时间，四种配置的分辨率分别为 0.5℃、0.25℃、0.125℃和 0.0625℃，出厂时 DS18B20 已配置为 12 位，最大转换时间 750ms。温度变换成数字量，DS18B20 用 12 位存储温度值(DS1820 是 9 位存储温度值)，最高位为符号位，通过单总线 1-wire BUS 和单片机进行数据通信，将 LED 频闪灯的温度送给单片机。

单片机将各路采样反馈数据和程序设置参数进行对比后，通过调节各 PWM 的占空比，使 LED 频闪灯得到稳定的驱动电压和电流。Q2、Q3 和 Q4 在单片机的 PWM 信号控制下，使 LED 频闪灯实现开通或关断而且灯光恒定或灯光可调。在单片机的控制管理下，LED 频闪灯通过驱动控制实现全面的过压、过流和热防护功能。

5.1.5　练习与发挥

(1)设计用 NE555 产生脉冲和 CD4017 计数产生输出控制信号的频闪灯电路。
(2)设计将发光二极管换成彩色 20W 交流灯泡的频闪灯电路。
(3)在方案一中，将控制两组发光二极管改为控制红黄绿三组发光二极管，重新设计电路。
(4)在方案二中，将控制两组发光二极管改为控制红黄绿三组发光二极管，重新设计电路。

5.2　太阳能红外接近报警器

任务：设计一个光伏供电的人体红外探测报警器，当人进入报警器的监视区域时，可发出报警声，适用于家庭、办公室、仓库、实验室等比较重要场合入侵探测报警。

要求： 电路有光伏供电、电池供电、交流供电三种方式，热释电红外线传感器检测人体，蓄电池工作电压 12V。画出电路原理图、PCB 图。

5.2.1　原理与方案

红外线是波长 0.78～100μm 的电磁波，根据红外线的波长不同，又可将红外波段分为近红外、中红外、远红外、远远红外等几个分波段。

利用红外线检测探测器可分为主动式红外探测器和被动式红外探测器。

主动式红外探测器由发射和接收装置两部分所组成。红外发射器驱动红外发光二极管发射出一束调制的红外光束。在离红外发射机一定距离处，与之对准放置一个红外接收器。通过光敏晶体管接收发射端发出的红外辐射能量，并经过光电转换将其转变为电信号。此电信号经适当的处理再送往报警控制器电路。分别置于收、发端的光学系统一般采用的是光学透镜。它将红外光聚焦成较细的平行光束，使红外光的能量能集中传送。当有人和物体穿越或阻挡红外光束时，接收器输出的电信号就会发生变化，从而启动报警控制器发出报警信号。主动式红外探测器的安装方式有对向型安装(红外发射机与红外接收机对向设置)和反射型安装(红外接收机与发射机同侧，接收反射镜或反射物反射回的红外光束)。

被动式红外探测器不需要附加红外辐射光源，本身不向外界发射任何能量，而是由探测器直接探测来自移动目标的红外辐射，通过光学系统的配合作用，可以探测到某一个立体防范空间内的热辐射的变化。

如果需要实现人体红外探测报警，通常采用被动式红外探测器。由于防范区域内的背景物体在室温下红外辐射的能量比较小，而且基本上是稳定的，所以不能触发报警。当有人体在探测区域内活动时，造成红外热辐射能量的变化，红外传感器将接收到的能量变化转换为相应的电信号，经处理后送往报警控制器并发出报警信号。

一个比较完善的报警器主要由光伏供电电源模块、检测模块与控制模块、报警模块、通信模块等组成。

为简化设计，仅进行光伏供电电源模块、检测模块与音响报警电路的设计，不进行通信与远程报警设计。其中检测模块由热释电红外线传感器、信号放大电路、电压比较器、延时电路等组成。

如果本设计改用单片机控制，可以简化电路设计扩展远程报警，电路仅保留红外线传感器和第一级放大电路即可。用单片机控制时，程序包括主程序、延时子程序、报警程序、短消息发送程序。单片机程序流程为：系统初始化，循环检测，若无报警信号则继续循环监测，若有报警信号则延时判断并启动报警器。

5.2.2　关键设计

　　热释电红外线传感器是一种高灵敏度探测元件。它能以非接触形式检测出人体或动物辐射的红外线能量变化，只对中心波长(9～10μm)红外线辐射敏感，并将其转换成电压信号输出，作用角度为110°。将这个电压信号放大，可驱动各种控制电路，如用作电源开关控制、防盗防火报警、入侵自动检测等。

　　图 5-4 为红外线探测防盗报警器电路图。红外线探测传感器 U1 探测到前方人体辐射出的红外线信号时，由 U1 的 2 脚输出微弱的电信号，经三极管 Q1 等组成第一级放大电路放大，再通过 C2 输入到运算放大器 U2A 中进行高增益、低噪声放大，此时由 U2A 的 1 脚输出的信号已足够强。U2B 作为电压比较器，它的第 5 脚由 R10、VD1 提供基准电压，当 U2A 的 1 脚输出的信号电压到达 U2B 的 6 脚时，两个输入端的电压进行比较，此时 U2B 的 7 脚由原来的高电平变为低电平。U3A 为报警延时比较器，R14 和 C6 组成延时电路，其时间约为 1min。当

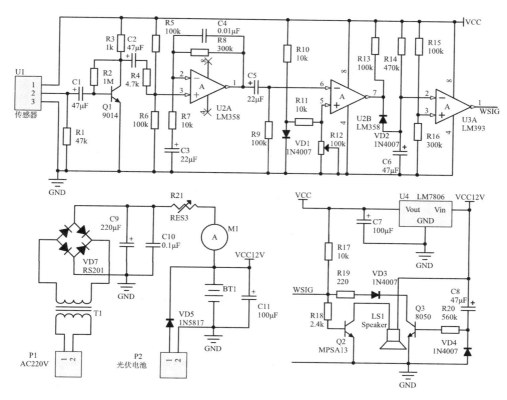

图 5-4　红外线探测防盗报警器电路图

U2B 的 7 脚变为低电平时，C6 通过 VD2 放电，此时 U3A 的 2 脚变为低电平，它与 U3A 的 3 脚基准电压进行比较，当它低于其基准电压时，U3A 的 1 脚变为高电平，Q2 导通，喇叭 LS1 通电发出报警声。人体的红外线信号消失后，报警停止。

由 Q3、R20、C8、VD4、VD8、R19 组成开机延时电路，时间也约为 1min，它的设置主要是防止使用者开机后立即报警，可以让使用者有足够的时间离开监视现场，同时可防止停电后又来电时产生误报。

电源电路包括了光伏电池供电、蓄电池供电、交流电供电三种方式。平常主要以光伏电池供电为主，白天用光伏电池供电并给蓄电池充电，夜间通过蓄电池供电。交流电供电可以用于检修和有交流电的场所。交流 AC220V 由变压器 T1 降压，全桥 VD7 整流，C9 滤波，C9 上得到的电压为直流 12V。也可以直接用光伏电池或蓄电池供直流电，检测电路电压由 U4(LM7806)降压提供，可以实现电池和光伏自动无间断供电。

5.2.3　入侵探测器

入侵探测器是专门用来探测入侵者的移动或其他动作的由电子及机械部件所组成的装置，又称为入侵报警探头。红外接近报警器就是一种入侵探测器。

1)基本构成、指标与分类

(1)基本构成。

入侵探测器通常由各种类型的传感器和信号处理电路组成，系统的最前端的输入部分是传感器，将感知到的各种形式的物理量转化成符合信号处理电路的电信号，信号处理电路将获取到的传感器信息进行适当的处理和逻辑判断，输出启动报警。

(2)主要性能指标。

漏报率：漏报的次数与应报警次数的百分比，指标越低越好。

探测率：实际报警的次数与应当报警的次数的百分比，指标越高越好。

误报率：在某一单位时间内出现误报警的次数，指标越低越好。

探测距离：在给定方向从探测器到探测范围边界的距离。

探测视场角：探测器对所能探测到的立体防范空间的最大张角。

探测范围：在正常环境条件下所能警戒、防范的区域或空间的大小。

探测面积(或体积)：探测器所能探测到的最大立体防范空间的面积(或体积)。

探测灵敏度：能使探测器发出报警信号的最低门限信号或最小输入探测信号。

其他指标：报警传送方式、最大传输距离、功耗、工作电压、工作电流、连续工作时间、环境条件等。

（3）探测器分类。

按使用的场所不同可分为：户内型、户外型、周界保护探测器等。

按探测原理不同可分为：雷达式微波、微波墙式、主动式红外、被动式红外、开关式、超声波、声控、振动、玻璃破碎、电场感应式、电容变化、视频、微波-被动红外双技术、超声波-被动红外双技术探测器。

按探测范围可分为：点控制型、线控制型、面控制型、空间控制型探测器。点控制型探测器的警戒范围是一个点，线控制型探测器的警戒范围是一条线，面控制型探测器的警戒范围是一个面，空间控制型探测器的警戒范围是一块空间。

按工作方式可分为：主动式和被动式探测器。主动式探测器在担任警戒期间要向所防范的现场不断发出某种形式的能量，如红外线、超声波、微波等能量。被动式探测器在担任警戒期间本身则不需要向所防范的现场发出任何形式的能量，而是直接探测来自被探测目标自身发出的某种形式的能量，如红外线、振动等能量。

2）几类常用的探测器

（1）开关式探测器。

开关式探测器又称为开关式传感器，通过各种类型开关的闭合或断开来控制电路产生通、断，从而触发报警。开关式探测器发出报警信号的方式有两种：一种是开路报警方式，当开关式传感器断开时发出报警信号；另一种是短路报警方式，当开关式传感器接通时发出报警信号。常用的开关式传感器有磁控开关、微动开关等或用金属丝、金属条代用的多种类型的开关。磁控开关，由永久磁铁块和干簧管两部分组成，磁控开关体积小、耗电少、动作灵敏、抗腐蚀性能好。微动开关，是一个整体部件，需要靠外部的作用力通过传动部件带动，将内部簧片的接点接通或断开。

（2）振动探测器。

振动探测器是以探测入侵者的走动或进行各种破坏活动时所产生的振动信号来作为报警的依据（振动频率、振动周期、振动幅度）。常用的几种振动探测器包括：机械式振动探测器、惯性棒电子式振动探测器、电动式振动探测器、压电晶体振动探测器、电子式全面型振动探测器。机械式振动探测器，是一种振动型的机械开关，安装在墙壁、天花板或其他能产生振动的地方，适用于室内或室外周界。电动式振动探测器，由一根条形永久磁铁和一个绕有线圈的圆形筒组成，在线圈中存在由永久磁铁产生的磁通，磁通变化产生报警，适用于地面周界保护或周界的钢丝网上。电子式全面型振动探测器，是指可以探测到由各种入侵方式（如爆炸、电钻、电锯等)所引发的振动信号，但对在防区内人员的正常走动则不会引起误报。

(3) 微波探测器。

微波探测器可用来实现对警戒区域内活动目标的探测。按照工作原理和结构组成的不同，微波探测器可分为以下两种类型，雷达式和墙式。雷达式微波探测器是利用无线电波的多普勒效应，实现对运行目标的探测。墙式微波探测器是，将微波收、发设备分置，利用场干扰原理或波束阻断式原理工作的微波探测器。

(4) 超声波探测器。

超声波探测器是利用人耳听不到的超声波段的机械振动波来作为探测源，由声电传感器做成的监听头对监控现场进行立体式空间警戒，是专门用来探测移动物体的空间型探测器。超声波探测器根据其结构和安装方法的不同可分为两种类型。一种是将两个超声波换能器安装在同一壳体内，收、发合置型。另一种是将两个超声波换能器分别放置在不同的位置，收、发分置型。

利用压电晶体的压电效应可以制成超声波传感器。压电晶体的特点是：当晶体在一定的方向上受到外力的作用时，会产生极化现象。在与外力垂直的压电晶体两个表面上能产生符号相反的电荷，电荷量与外力的大小成正比，电荷的极性与所加外力的方向有关，此现象为正压电效应。反之，若将电压施加于晶体上，晶体就会产生机械变形(压缩或伸长)，若所加电压为交变电压，则晶体就会产生周期性的机械变形，这种现象称为逆压电效应。压电晶体传感器，应用广泛、结构简单、价格低廉、体积小巧、安装方便。

(5) 其他周界探测器。

在一些重要的区域，可用周界防范的探测器，并与电子控制电路相配合组成周界防御报警系统。用于周界防御报警的探测器有很多种，常用的有视频探测器、振动电缆探测器、电场式探测器、泄漏电缆探测器、光纤探测器，以及其他一些机电式探测器、压电式探测器、振动式探测器等。

5.2.4　练习与发挥

(1) 使用红外检测信号处理集成电路芯片，如 BISS0001，重新设计报警器检测电路，预留与单片机的接口电路。

(2) 除红外检测外，添加 ND-1 型高灵敏振动位移传感器，设计振动检测和报警电路。

(3) 扩展远程报警功能，分析由短信息服务通知维护人员实现远程报警的可行性。了解 TC35i 模块的工作模式，设定通信格式，画出流程图。报警器检测到红外信号以后，通过软件处理和 GSM 模块将报警短信发送到监测人员指定号码的手机，从而实现报警信号的长距离传输。

（4）以 STM32F407 为核心，设计光伏供电蓄电池储能的视频远程监控系统。

5.3　太阳能移动电源充电器电路

任务：设计一个 5V 太阳能输入，3.7V 锂电池储能，具有输入管理、充电控制、升压输出的电路。

要求：输入为多块 5V/0.3A 滴胶太阳电池板并联，锂电池为 3.7V 锂离子蓄电池；输出 5V/2000mA，兼容输入整流器获得的 5V 直流电压充电。具有输出蓄电池电量指示，电路板按照便携式充电器要求设计。画出电路原理图、PCB 图。

5.3.1　原理与方案

将锂电池的升压、充电管理、保护电路功能集中到一个集成电路内的芯片，称为三合一移动电源芯片，基于三合一移动电源芯片的移动电源就是采用了这种主控芯片的设计。三合一移动电源又分为硬件移动电源三合一和软件移动电源三合一两类。整体来说，硬件三合一优势在于性能稳定，方案简单易掌握，外围器件少，纹波低，开发周期短；缺点在于程序已经固化，亮灯方式固定，不能随意改动线路。软件三合一优势在于控制方面可以定制，应用灵活，如亮灯方式、亮灯时间可以改动；缺点是外围器件比较多，容易受干扰偶尔会死机，开发周期长。硬件三合一和软件三合一相对比，软件三合一容易实现同步整流、效率高、发热低且功能变化灵活，成为发展趋势。

三合一移动电源集成电路型号很多，如 ZS6300、H6D38T、CH4203、NE6032、IP5108 /IP5209、ZX8P60A、CT6302、CXW716、ETA9689、HE43008、HB6266、TC503、TI-bq25895 等。以三合一为基础又集成了电量测量的移动电源四合一集成电路，如 EC206、EC206B 等。还有五合一移动电源集成电路芯片，如 CH4221、GF5022、TP4221、SD6501 等，其内部将防输入电源反接等多重保护、自动充电管理、自动升压管理、电量显示、电池保护 5 大功能全部集成到单一芯片中。

IP5108/IP5108E 是一种三合一移动电源集成电路，它是集成了升压转换器、锂电池充电管理、电池电量指示的多功能电源管理芯片，为移动电源提供完整的电源解决方案。由 IP5108/IP5108E 构成的移动充电器可以满足题目的设计要求，充电通道方面需要添加光伏电源输入的充电通道。

5.3.2　关键设计

IP5108/IP5108E 主要特性如下。

(1)高集成度与丰富功能,使其在应用时仅需极少的外围器件,并有效减小整体方案的尺寸,降低器件成本。

(2)只需一个电感实现降压与升压功能。DC-DC 转换器工作在 650kHz,可以支持低成本电感和电容。

(3)同步升压系统提供最大 2A 输出电流,转换效率达到 95%。空载时,自动进入休眠状态,静态电流降至 50μA。

(4)采用开关充电技术,提供最大 2.1A(IP5108)、1.0A(IP5108E)电流,充电效率达到 96%。内置温度和输入电压检测,智能调节充电电流。

(5)IP5108 内置 14bit ADC,精确测量电池电压和电流,可通过 I^2C 访问 ADC 数据。IP5108 内置电量计算法,可以准确获取电池电量信息。

(6)支持 3/4/5 个 LED 电量显示和照明手电筒功能。

应用 IP5108 的太阳能移动电源电路原理图如图 5-5 所示。

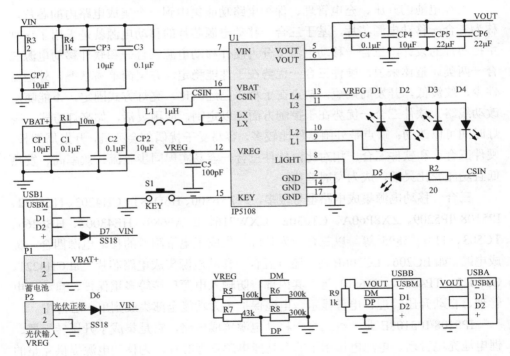

图 5-5　太阳能移动电源电路原理图

(1)升压电路。IP5108/IP5108E 集成一个输出 5V、负载能力 2A 的升压 DC-DC 转换器。开关频率 650kHz,3.7V 输入,5V/1A 时效率为 94%。内置软启动功能,可以防止在启动时冲击电流过大引起的故障,集成了输出过流、短路、过压、过温等保护功能，确保系统稳定可靠地工作。

　　(2)按键 S1(KEY)。可识别长按键和短按键操作。按键持续时间长于 30ms，但小于 2s，为短按键动作，短按键动作会打开电量显示灯和升压输出。按键持续时间长于 2s，为长按键动作，长按键动作会开启或者关闭照明 LED。小于 30ms 的按键动作不会有任何响应。在 1s 内连续两次短按键，会关闭升压输出、电量显示(D1～D4)和照明 LED(D5)。

　　(3)电量计和电量显示。IP5108/IP5108E 内置电量计功能，能准确地显示电池剩余电量。IP5108/IP5108E 可灵活支持 3/4/5 个 LED 电量显示灯方案，如 4 个 LED 二极管(D1～D4)显示电量(图 5-5)，每个二极管显示含电 25%，通过内置智能识别算法，可自动识别外接几个电量显示灯。

　　(4)手机插入自动检测。IP5108/IP5108E 自动检测手机插入，即刻从待机态唤醒，打开升压 5V 给手机充电，省去按键操作，支持无按键方案，电路不要焊接 R9。如果不需要手机插入自动开机的功能，在 VOUT 上加 1 kΩ 的下拉电阻 R9 到 GND。

　　(5)充电。IP5108/IP5108E 拥有一个同步开关结构的恒流、恒压锂电池充电器。当电池电压小于 3V 时，采用 100mA 涓流充电；当电池电压大于 3V 时，进入恒流充电；当电池电压大于 4.2V 时，进入恒压充电。充电完成后，若电池电压低于 4.1V，重新开启电池充电。IP5108 采用开关充电技术，开关频率 1.6MHz，最大充电电流 2.1A，充电效率最高到 96%，能缩短 3/4 的充电时间。IP5108E 充电电流为 1.0A。自适应电源路径管理，优先给外部负载供电，支持边充电边放电。IP5108/IP5108E 会自动调节充电电流大小，来适应不同负载能力的适配器。

　　(6)照明。IP5108/IP5108E 内置 MOS 管，LIGHT 引脚可直接驱动照明 LED(D6)，最大驱动电流 100mA。当长按键"KEY"超过 2s 时，可开启或者关闭 LED 照明。当不需要照明(LIGHT)功能时，将 LIGHT(U1 的 8 脚)接到 GND，IP5108/IP5108E 会自动检测到没有照明功能。

　　(7)VREG。VREG 是一个恒定的 3.1V 的低压差输出电源，负载能力 50mA。

5.3.3　移动电源的电路方案分析

　　目前移动电源的电路方案大致上可分为两种，第一种方案是充电、升压集成电路，利用充电集成电路对移动电源的锂电池充电，升压集成电路对移动装置放电，有的还会用单片机做数据采集和管理，如图 5-6(a)所示。第二种方案是用专用的充电、升压、其他功能集成一体化芯片，也可能用单片机进行管理，如图 5-6(b)所示。采用第二种方案，可以减少零件的数量，节省 PCB 空间。

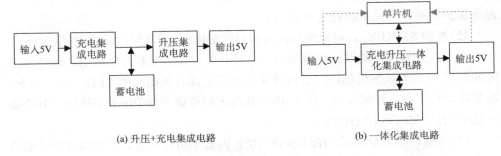

(a) 升压+充电集成电路　　　　　　　　　　　(b) 一体化集成电路

图 5-6　移动电源电路方案

移动电源电路中使用的充电管理集成电路芯片，如 SUN4004、ME4054、ME4056、YF8036 等，DC-DC 升压电路集成电路芯片有 ME2109、FP6190、FP6290、FP6291、FP6292、YF5129、XR2203、XR3401、XR3402、XR3403 等。还有一些集成电路芯片把以上几个集成电路集成到一起，集充电、升压、控制功能于一体，就是组合集成电路，如前所述的三合一移动电源集成电路、四合一移动电源集成电路。

锂电池充电集成电路分为线性式、切换式两种，线性式充电集成电路的成本低，引脚数较少，只需要少数的无源器件。但是线性式充电集成电路有较大的功率损耗，若设计不好常会导致集成电路温度过高，且一般移动电源大多使用散热较差的塑料外壳，使得线性式充电集成电路无法提供较大的充电电流，因此线性式充电集成电路通常比较适合低容量锂离子电池应用。若希望在短时间内将电池充满，则必须要升高充电电流，此时可以考虑应用切换式充电集成电路。切换式充电集成电路利用开关的高频切换来达到能量的传递，可提供较大的充电电流，且具有高转换效率不会有过热现象，适合高容量电池的充电应用。

充电过程中，对于额定电压为 3.6~3.7V 的锂离子蓄电池，当锂电池电压上升到 4.2V 时，停止充电；如果是额定电压为 3.2V 磷酸铁锂电池，判断电压上升到 3.65V，停止充电。而当蓄电池放电时，电池电压如果降至 2.75V 以下，要停止放电。除此之外，锂电池在应用上，还会加上短路保护电路，防止锂电池因短路而造成危险。

5.3.4　练习与发挥

（1）分析三合一移动电源集成电路 MH4203，设计以 MH4203 为核心的太阳能移动充电器，要求同本题目。

（2）用三合一移动电源集成电路 ZS6300 设计太阳能移动充电器，要求同本题目。

（3）分析三合一移动电源集成电路 CH4203，设计以 CH4203 为核心的太阳能移动充电器，要求同本题目。

5.4　太阳能草坪灯

任务： 设计太阳能草坪灯。白天太阳光照射在太阳电池上，把光能转变成电能存储在蓄电池中，再由蓄电池在晚间为草坪灯 LED 提供电源。

要求： 输入 4.5V/100mA 太阳电池板，锂电池 3.7V/2000mA·h 或三节 1.2V/600mA Ni-Cd 电池，1W 以下白光 LED 灯（可以用若干普通 LED 组合实验），LED 灯板单独制作。

5.4.1　原理与方案

太阳能草坪灯主要利用太阳电池的能源进行工作，当白天太阳光照射在太阳电池上，把光能转变成电能存储在蓄电池中，再由蓄电池在晚间为草坪灯的 LED 提供电源。其优点主要是安全、节能、方便、环保等，适用于住宅、公园、绿草地美化照明。

LED 太阳能草坪灯是一个独立的发电系统，能够独立地完成太阳能转换为电能，并能把电能转换成照明光，而不需要电力线的传输。其结构组成：太阳电池组件、LED 灯（光源）、免维护可充电蓄电池、自动控制电路、灯具等。

设计方案有分立元件控制的草坪灯电路、专用的集成电路草坪灯电路、单片机控制的草坪灯电路等实现方案。

与设计 LED 太阳能草坪灯相关的几个问题如下。

（1）光敏传感器。太阳能草坪灯用的光控开关，可以用光敏电阻来自动开关灯，而太阳电池本身也是一个很好的光敏传感器，也可以作为光敏开关。

（2）太阳电池封装形式。目前太阳电池的封装形式主要有两种，层压和滴胶。层压工艺可以保证太阳电池工作寿命 25 年以上，滴胶太阳电池工作寿命仅为 1～2 年。因此，1W 以下的小功率太阳能草坪灯，在没有过高寿命要求的情况下，可以使用滴胶封装，对于使用年限有规定的太阳能草坪灯，使用层压的封装。

（3）光源。1W 以下的小功率太阳能草坪灯，有调节明暗、频繁开关的功能，应该使用 LED 作为光源。对于功率较大的太阳能草坪灯，使用三基色高效节能灯比较合理。三基色节能灯在电路启动时有高达 10～20 倍正常工作电流的启动电流，系统电压可能大幅度下降，出现太阳能草坪灯无法启动或者损坏的现象。目前多数草坪灯都是选用了 LED 作为光源。

（4）电路。可以通过改变闪烁占空比控制蓄电池平均输出电流，如闪烁变光、渐亮渐暗可以节能，延长系统工作时间，或者在同等条件下，可减小太阳电池的功率。提升电路的效率，LED 的峰值电流要限流。

（5）蓄电池。太阳能草坪灯对连续阴雨天可维持其工作的时间要求很高，在连续阴雨天，蓄电池不变，通过减少 LED 灯的发光数延长草坪灯的发光时间。

5.4.2　分立元件构成的升压电路设计

太阳能草坪灯电路，其原理图如图 5-7 所示。

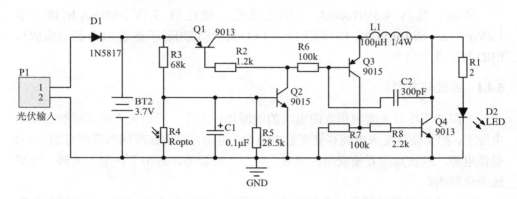

图 5-7　由分立元件构成的太阳能草坪灯电路

如需要增大发光亮度或延长发光时间，可相应提高太阳能板的功率和蓄电池的功率。Q1、Q3、Q4 的 β 在 200 左右，Q2 需 β 值大一些的晶体管。D1 为肖特基二极管，压降小，开关速度快，电流选 0.8A 以上。D2(LED) 可选用白、蓝、绿色超高亮度散光或聚光照明二极管。R3、R5 选用 1% 精度电阻；光敏电阻 R4 阻值选用亮阻 10～20kΩ，暗阻 1MΩ 以上。电阻的功率可选 1/4 或 1/8W。L1 用 100μH0.25W 电感，直流阻抗要小。

该电路的工作原理：白天有太阳光时，由光伏组件 P1 把光能转换为电能，由 D1 对 BT2 充电，由于有光照，光敏电阻 R4 呈低阻，Q2 的 b 极为低电平而截止，Q1、Q3、Q4 截止。当晚上无光照时光敏电阻 R4 呈高阻，Q2 导通，Q1 的基极为低电平使其导通，由 Q4、Q3、C2、R6、L1 组成的 DC-DC 升压电路工作，LED 通电发光。

DC-DC 升压电路其核心就是一个互补管振荡电路。其工作过程为：Q1 导通时电源通过 L1、C2、R6、Q2 构成回路向 C2 充电，由于 C2 两端电压不能突变，Q3 的基极为高电平，Q3 不导通，随着 C2 的充电其压降越来越高，Q3 的基极电位越来越低，当低至 Q3 的导通电压时 Q3 导通，Q4 相继导通，C2 通过 Q4 集电-发射结、电源、Q3 的发射-集电结(由于 Q1 导通，假设其发射-集电结短路，Q3 的发射极直接电源正极)放电。

当放完电后 Q3 截止，Q4 截止，电源再次向 C2 充电，之后 Q3 导通，Q4 导通，C2 放电，如此反复，电路形成振荡，在振荡过程中，Q4 导通时电源经 L1 和 Q4 的 CE 结到地，电流经 L1 储能，Q4 截止时 L1 产生感应电动势，和电源叠加后驱动 LED，LED 发光。利用升压电路可以提高电池电压直接驱动 LED，提高效率。

当白天充电不充足时（如遇上阴雨天等），BT2 可能发生过放电，这样会损坏电池，为此加 R5 构成过放保护。当电池电压降至 2V 时，由于 R5 的分压使 Q2 基极电位不足以使 Q2 导通，从而保护电池。要注意，增加 R5 会影响 Q2 的导通深度。

5.4.3　太阳能草坪灯集成电路为核心的设计

专用的集成电路草坪灯有 TAC5230S、XD6601、QX5252、ANA618、ANA6601F 等。以 TAC5230S 为例开展太阳能草坪灯设计。

TAC5230S 是一款专为太阳能小功率 LED 草坪灯照明装置设计的专用集成电路。它由开关型驱动电路、光开关电路、充电电池、过放电保护电路及 LED 关断电路组成。

TAC5230S 主要特点有：工作电压 1.2～4V，输出电流 10～160mA 可调，关断状态静态电流小于 30μA，效率>86%，充电电池过放电保护 1.1～3.3V 可调，利用太阳电池或光敏电阻作光控开关，可驱动 1～8 只 LED，光控灵敏度可调。

利用太阳电池作为外部光敏器件，使用 TAC5230S 构成草坪灯电路，如图 5-8 所示，该电路元器件少，成本低。如果增加肖特基二极管和滤波电容，稳定输出电压和输出电流，可用于驱动七彩灯等要求输出电压和输出电流比较稳定的电路。由于不同功率的太阳电池光伏特性不同，可能在环境光有微小变化时，会出现光开关和 LED 灯闪烁，此时，可在太阳电池两端加 1～10μF 的电容。

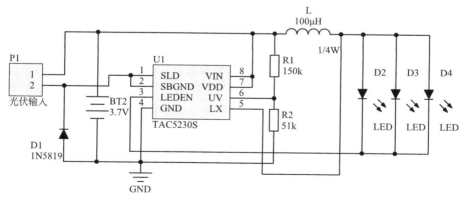

图 5-8　TAC5230S 构成的草坪灯电路原理图

升压电路 U1 采用固定导通时间的脉冲频率调制(PFM)控制方式，草坪灯电路有导通和关断两种状态。当 U1 内部处于导通状态时，也就是与 LX 引脚相连的内部 MOS 管导通，电池对电感 L 充电，在固定的导通时间 2μs 后，MOS 管关断；当 U1 内部处于关断状态时，也就是与 LX 引脚相连的内部 MOS 管关断，电感 L 向 LED 放电。

LED 消耗的功率 P 由电感 L 设定为

$$P = \frac{U_i^2}{L} \times 10^{-6} \tag{5-1}$$

式中，U_i 为输入蓄电池的电压(V)；L 为电感(H)。

可以通过调节电感量 L 的大小，改变电流大小和 LED 二极管的亮度。电池电压越高，电感 L 越小，LED 二极管越亮。电感 L 取值通常为 2～150μH。

光控开关电路：光开光电路由芯片内部光控制电路和外部光敏器件组成。外部光敏器件可利用太阳能板或光敏电阻。太阳电池电压大于 200mV 时 LED 二极管关断，太阳电池电压小于 150mV 时 LED 点亮。

充电电池过放保护电路：充电电池过放保护电路由迟滞比较器和参考电压电路组成，图 5-8 中无此电路需单独设计。迟滞比较器的反相端接参考电压，比较器的同相端接输入的电池电压，按通用迟滞比较器设计即可。

LED 二极管关断电路：LED 二极管关断电路的作用是当升压电路处于关断状态时彻底关断 LED 二极管的电流通路。

电池充电电路：充电控制器作为光伏电池和蓄电池的接口电路，一般都希望让其工作在最大功率点，实现更高的效率，还需要考虑蓄电池充电控制。如果选用 Cuk 电路(图 1-6(b))作为充电控制器的主电路，则能实现光伏输入的升降压，提高光伏利用率。

5.4.4　练习与发挥

(1)改进以专用芯片 TAC5230S 为核心设计的草坪灯电路，要求利用光敏电阻作为光敏器件，使输出电压和输出电流更稳定。

(2)用太阳能 LED 草坪灯专用芯片 QX5252 设计太阳能草坪灯电路。

(3)用 Cuk 变换器作为充电控制器主电路，设计太阳能草坪灯电路。

5.5　太阳能 LED 路灯控制器的设计

任务：设计一个太阳能 LED 照明控制器。

要求：12V/10W～30W 负载 LED 灯，两个灯并联或串联使用作为负载，12V

铅酸免维护蓄电池。光伏组件的最佳工作电压 17.5V，峰值功率 90W，光伏输出电能为蓄电池充电，最大可充电电流按 10A 设计。具有输出信号指示，PCB 板四周有固定安装孔，考虑大功率器件散热，5mm 螺钉式 PCB 接线端子。画出电路原理图、PCB 图。

5.5.1　原理与方案

1) 控制器基本功能

控制器在太阳能 LED 路灯系统中起着关键的作用，其基本功能如下。

(1) 蓄电池过充电保护功能。

白天，光伏组件在控制器的控制下向蓄电池充电，当蓄电池端电压升高到 14.4 V 时，控制器自动切断充电回路，防止过充电，保护蓄电池，延长其寿命。

(2) 蓄电池过放电保护功能。

夜晚，蓄电池在控制器的控制下向 LED 路灯供电，当蓄电池端电压降低到 10.6 V 时，控制器自动切断 LED 路灯，避免蓄电池过放电。

(3) LED 路灯自动通断功能。

夜幕降临时，自然光照亮度低于室外照明亮度要求，控制器自动打开太阳能路灯开关，蓄电池向路灯供电。当白天自然光充足时，控制器控制太阳能路灯自动熄灭。蓄电池电压通常被控制在 10.6～14.4V。如果灯具使用的是 LED 路灯，为保持 LED 路灯的光照度基本一致并提高蓄电池供电时间，控制 LED 路灯的电流基本保持恒流。

2) 构成

一个独立的太阳能 LED 路灯系统一般由太阳电池组件部分(包括支架)、LED 灯头、控制箱(内有控制器、蓄电池)和灯杆几个部分构成。控制器是控制蓄电池充放电的控制电路，在设计上要功能兼顾(如具备光控、时控、过充保护、过放保护和反接保护等)。

3) 设计方案

在选用器件上，主要有采用单片机的，也有采用比较器的，方案较多，各有特点和优点。控制器至少需要采集比较 2 路电压信号，分别是太阳电池输出电压和蓄电池端电压，这两路信号均为变化的直流模拟信号，采样信号应能如实地反映检测量。

方案一，采用比较电路的设计方案，方案较多，如用光敏(或光敏+定时)的方式对开关灯进行控制的一些电路。总体来说，此设计思路清晰、稳定性高，但电路结构相对复杂，分立电子元件和集成电路多。

　　方案二，单片机控制的电路设计方案。硬件电路与以单片机为核心的太阳能控制器一样，只需要软件能够控制开关负载，当白天时关闭 LED 照明灯，当黑夜时打开 LED 照明灯。为了控制灵活，适应多种要求，可以预置不同的工作模式和时间延时，当延时时间到时，完成预定动作(开灯或关灯)。预置程序有两种方式，一种是用按键设置存储在单片机的 RAM(随机存取存储器)中，另一种是把时间排成表格存储在单片机的 ROM(只读存储器)中，单片机根据查表获得开关灯时间。

5.5.2　采用单片机电路的太阳能路灯控制器设计

　　以单片机 STC12C5A60S2 为核心的太阳能路灯控制器电路主电路原理图、控制电路原理图分别如图 5-9 和图 5-10 所示。

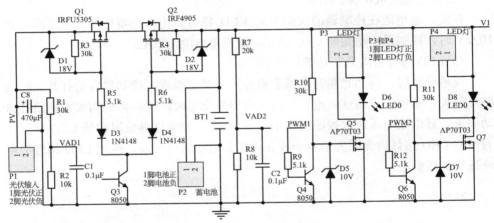

图 5-9　太阳能路灯控制器主电路原理图

　　太阳电池输出最佳工作电压为 17.5V，蓄电池电压为 12V，LED 路灯工作电压为 12V，充电电路采用 MOS 管 PWM 波控制，放电电路分成两路，每一路接一个 LED 灯，采用三极管驱动的 MOS 管电路开通或关断负载，通过软件实现充放电的控制策略，从而最终达到提高效率、节能的目的。如果将 2 个 LED 灯串联起来，则 LED 灯负载需要的工作电压升为 24V，需要在蓄电池和负载之间连接升压(Boost)电路。

1) 工作模式

　　控制器采用时光控结合，时间可人工调节也可自动调节，有完善的过压、欠压保护。单片机控制时间精确，不受阴雨天气影响，适合各种恶劣的太阳能照明场所。通过一个按键可调节各种参数。DS1302 为实时时钟芯片，时钟芯片掉电也能记录准确计时。采用场效应管作为电子开关(Q1、Q2、Q5、Q7)，其压降极低，降低输入输出电压差，减少损耗。单键选择按钮 S1 配合数码管显示器(DS1)可方便地调节时间或选择工作模式。LED 指示灯指示 5V 工作电压的状态。

　　DS1302 是一款时钟芯片，可以提供秒、分、小时、日期、月、年等信息，并且闰年自动调整，可以配置 AM/PM 为 24 小时/12 小时，内部有 31 个字节数据存储 RAM，2.0～5.5V 工作电压，工作电压 2.0V 时的芯片工作电流小于 300nA，串行 I/O 通信方式，8 引脚封装。

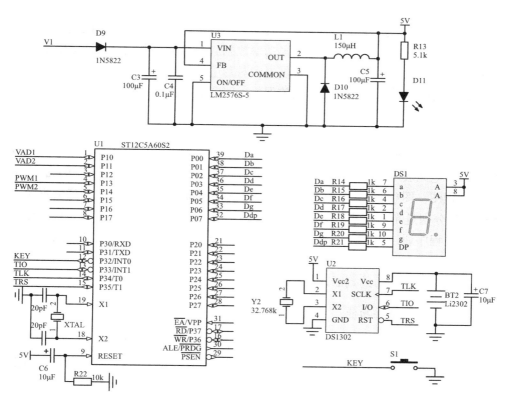

图 5-10　太阳能路灯控制器控制电路原理图

2) 充电电路

　　由功率场效应管 Q1 和 Q2 控制充电通道。通过改变加在 Q3 基极的脉冲宽度就可以改变太阳电池板的输出电压。通过检测太阳电池板的输出电压、蓄电池的电压，判断蓄电池的荷电状态，选择合适的充电方式为蓄电池优化充电。当蓄电池电压超过一定电压后，关断 Q1 和 Q2，防止蓄电池过充电。当系统检测到环境光线充足时，控制器就会进入充电模式。单片机采集蓄电池电压，智能控制光伏接入，有效防止蓄电池过充。

3) 放电电路

如果使用的是 2 个串联的 LED 灯，参考图 5-3 单片机控制的 LED 频闪灯电路，用升压型 DC-DC 转换器，连接蓄电池电压，通过单片机控制输出 PWM，调节 DC-DC 电路获得一个稳定的输出电压。如果是 2 个 LED 灯分别受控，按照图 5-10 连接，两个灯分别接到 P3 和 P4 插座上，不需要升压电路，直接通过 PWM1 和 PWM2 通道实现 2 路 LED 灯的定时控制和恒流控制。可以完全开通负载，也可以关断其中一路负载用作半功率控制。在蓄电池电压接近过放电压时，切断一半负载也可以实现延长负载供电和对蓄电池过放保护。

其他的时控功能和蓄电池的过放保护电路在此不作讨论。

4) 软件

软件设计主要协助硬件电路完成控制器的控制策略，由主程序和蓄电池充电程序、蓄电池放电程序组成，太阳能路灯控制流程图如图 5-11 所示，图(a)为主程序流程图，图(b)为蓄电池充电程序流程图，图(c)为蓄电池放电程序流程图。Vp、Vb 分别是光伏、蓄电池电压值。无 MPPT 电路则不设快充方式，仅浮充充电。放电程序通过 PWM 技术调节负载电流，在后半夜可以完全切断一路负载，实现半功率点亮负载，T1、T2 为负载切换时间点。

通过对电池电压的判断，实现对畜电池的过充电过放电保护。

5) 控制器的主要功能

控制器支持 12V 直流系统工作电压，支持最大至 10A 的充放电电流，通过软件编程，配合相应的硬件(如 MPPT 电路、温度检测电路、时钟电路)可以丰富控制器的功能，具体如下。

(1) 浮充充电方式。

(2) 具有深夜使 LED 照明灯具亮度减半的功能。

(3) 能检测蓄电池的电压，对蓄电池的充、放电过程进行控制。

(4) 具有过充电保护、过放电保护功能。

(5) 具有电子时钟和计时功能。

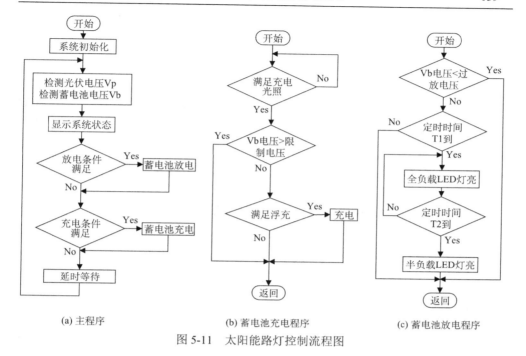

图 5-11　太阳能路灯控制流程图

5.5.3　太阳能路灯系统注意事项

太阳能路灯的工作方式比较复杂,许多太阳能路灯控制器采用了单片机电路方案。

太阳能路灯系统设计时,步骤较多,其中蓄电池和光伏的容量设计是设计重点。以下简要地说明太阳能路灯系统容量设计步骤。

确定太阳能路灯系统的安装地点、负载功率、工作模式(时长,连续阴雨天天数)等基本条件。例如,要求工作在某地区,12V30W 负载 LED 灯,每天工作时数 8.5h,保证连续阴雨天数 2～3 天。

1)确定日负载

直流日负载耗电量安时数 $C_{LD} = \dfrac{Q_{LD}}{U_N}$ (A·h),交流日负载耗电量安时数 $C_{LA} = \dfrac{Q_{LA}}{U_N}$ (A·h),其中,Q_{LA}、Q_{LD} 分别为日平均交流负载的功耗和日平均直流负载的功耗;U_N 是系统的标称电压(V)。

交流负载有逆变器效率问题,计算时要在平均日负载的基础上,将其数值再除以逆变器的效率,得出交流负载的平均 A·h 数。

如果系统既有直流负载又有交流负载,则日负载的总量为 $C_L = C_{LD} + C_{LA}$ (A·h)。

2) 确定蓄电池容量 B

$$B = \frac{C_L N_L F A}{\text{Dod}} \tag{5-2}$$

式中，B 为蓄电池总容量(A·h)；A 为温度系数，一般在 0℃以上取 1，–10～0℃取 1.1，–10℃以下取 1.2；F 为放电修正系数，通常取 1.05～1.2；N_L 为蓄电池连续供电的天数；Dod 为蓄电池放电深度(0.5～0.85)，如一般铅蓄电池取 0.75，碱性镉镍蓄电池取 0.85；如果系统使用逆变器，需要考虑逆变器损耗和线路损耗等，蓄电池容量可取 1.0～1.4 倍。

也可以根据负载日耗电量和可以连续工作阴雨天数，再加上第一个晚上的工作耗电量估算蓄电池容量。

蓄电池的串联数：

$$N_{bs} = \frac{U_N}{U_{bn}} \tag{5-3}$$

蓄电池的串联数：

$$N_{bp} = \frac{B}{B_n} \tag{5-4}$$

式中，U_N 是系统工作电压(V)；U_{bn} 是蓄电池组额定电压(V)；B_n 是蓄电池组的标称容量(A·h)。

对于蓄电池的串联数 N_{bs}，也可以用光伏阵列的输出电压计算：

$$N_{bs} = \frac{U_R}{U_{MPPT}} = \frac{U_F + U_D + U_C}{U_{MPPT}} \tag{5-5}$$

式中，U_R 为太阳电池方阵输出最小电压(V)；U_{MPPT} 为太阳电池组件的最佳工作电压(V)；U_F 为蓄电池浮充电压(V)；U_D 为二极管压降(一般取 0.7V)；U_C 为其他因素引起的压降(V)。

蓄电池的浮充电压和所选的蓄电池参数有关，应等于在最低温度下所选蓄电池单体的最大工作电压乘以串联的电池数。

3) 确定太阳电池阵列

光伏阵列的电流值 I_{PV}：

$$I_{PV} = \frac{Q_{LA} + Q_{LD}}{U_N T} \eta \tag{5-6}$$

式中，η 为系统效率系数，包含蓄电池充电效率(0.9)、逆变器转换效率(0.85)、组件功率衰减+线路损耗+尘埃等(0.9)，以上效率相乘得 η，具体数值可根据实际情况进行调整；U_N 为系统工作电压(V)；T 为峰值日照时数(h)。

光伏组件单串的串联数 N_S：

$$N_S = \frac{1.43U_N}{U_{MPPT}}\tag{5-7}$$

光伏阵列的组串并联数 N_P：

$$N_P = \frac{I_{PV}}{I_{MPPT}}\tag{5-8}$$

式中，I_{MPPT} 为太阳电池组件的最佳工作电流。

太阳阵列总功率 P_S：

$$P_S = N_P N_S (U_{MPPT} I_{MPPT})\tag{5-9}$$

光伏组件有单晶硅、多晶硅、非晶硅三种，组件功率和输出电压有多种型号，可根据系统实际需求选择，请参考相关书籍。

4) 支架和控制器注意事项

支架倾角设计：为了让太阳电池组件在一年中接收到的太阳辐射能尽可能地多，要为太阳电池组件选择一个最佳倾角，最佳倾角也可以通过仿真软件迅速获得。

支架抗风设计：抗风设计主要分为两大块，一为电池组件支架的抗风设计，二为灯杆的抗风设计。

控制器设计与选型：太阳能充放电控制器的主要作用是保护蓄电池。基本功能有过充保护、过放保护，要具有光控、时控功能，具有防反接、防雷击、防器件过热损坏等一些防护措施。

5.5.4　练习与发挥

(1) 利用实时时钟 DS1302 设计并编写软件，根据时间自动调节灯亮度，如夜间 1:00 之前全功率照明，夜间 1:00 之后至天亮半功率照明。

(2) 增添 MPPT 功能电路，编写程序实现光伏阵列的最大功率点跟踪。增加测量温度电路，编写程序对蓄电池充电电压做温度补偿。

(3) 利用单片机的 ADC 端口，用测量的蓄电池端电压估算蓄电池的剩余电量。根据当前地理位置、季节、时间、气象条件、光的辐射量、浮尘浓度、工作环境以及剩余电量，自适应调节灯的亮度达到合理分配能量的效果。

5.6　离网光伏发电系统设计

任务：根据某学生家乡的住址，确定安装地经纬度，分析气象条件、了解地形地物和光伏安装环境，完成住宅屋顶离网光伏发电系统的电气方案设计。

要求： 负载要求日常家电用品交直流负载(平均日消耗)功率不小于 5kW，多晶硅组件，用 PVsyst 软件仿真工程设计验证。

5.6.1　主要流程与步骤

(1)选择"初步设计"/"工程设计"/"离网"。

(2)输入发电系统安装位置、气象数据。

(3)安装发电系统位置坐标的经纬度数值可以通过百度地图开放平台(坐标拾取器)或者 Google Earth 获得。确定安装地点的经纬度后，利用当地气象站、NASA网站或者 Meteonorm 软件获取该地点十年以上的气象参数，并保存为*.dat 文件，将该文件保存到 PVsyst 子目录文件夹里面，点击 PVsyst 主界面的 TOOLS 然后按图示步骤导入数据。

(4)在输入安装地点经纬度信息后，检查太阳路径图，可以设置障碍物和阴影。

(5)设置荷载的功率和使用时间，设置负载使用时段。

(6)选择 orientation 确定倾斜角、方位角，对于并网系统还要选择并设置有效面积、额定功率、年发电量，然后选择光伏组件类型、安装方式等。

一般采用固定倾斜角度安装(选择 fixed tilted plane 选项)，倾斜角度的确定可以根据要求设置或选择发电量最优的角度(可选冬天、夏天、全年最优)。

(7)对于初步设计，此时可得出仿真结果，可转到仿真结果的输出和打印。对于工程设计，有以上步骤(1)~(4)之外更多的参数设置和选择。在设置光伏组件倾斜角、方位角时，选择安装方式、间距的设置；完成光伏组件、蓄电池、逆变器选型、连接方式等设置。对详细的损耗参数进行设置，如温度参数、欧姆损耗等。对远距离的遮挡物和近距离的阴影进行设置。考虑阴影时，选择 near shading来设定阴影情况，可以进行阴影设置，建立阵列的排布方式图、障碍物与阻挡物模型图，对阴影模型进行阴影分析，得到阴影分析表。

(8)完成经济效益评估(可选)。

(9)完成仿真设计，选择 simulation 进行模拟计算。

(10)仿真结果与输出，通过 report 得到模拟计算结果，获得发电量、损耗等情况的图表。

5.6.2　离网系统处理的内容

(1)太阳能阵列安装信息。

太阳能阵列，采用固定安装方式，优化输出电能为冬天输出电能最大，确定阵列的倾斜角、方位角。

（2）用户每天的用电量。

确定每天总能量和全月总用电量。

（3）蓄电池容量设计。

选择电池的型号，确定蓄电池组采用的串并联方式（如输出电压为 24V）、总容量、放电深度、总重量。

（4）太阳电池板容量设计。

选择 PV 组件制造商，确定 PV 阵列的参数。

（5）控制器设计。

光伏阵列直连到蓄电池，选择控制器产品。

（6）光伏阵列设计。

PV 组件数量：串并联方式，每个单元峰值功率；总的阵列额定功率，总面积。

（7）仿真图形与结果。

获得典型的离网型光伏发电系统仿真构成图、太阳路径图、仿真报告。

5.6.3　注意事项

（1）软件中没有的气象数据、设备参数等数据，可以通过"TOOL"添加到程序中。如果在添加过程中个别参数无法获取，可以使用软件的默认值。

（2）气象参数可以从当地的气象部门获取，也可以从网站（如 http://www.nasa.gov）导入，或从 Meteonorm、RETScreen 软件中导入。PVsyst 软件中集成了 NASA、Meteonorm7.1 气象参数的链接，可以自动获取气象参数。注意这两种数据略有差异，一般来说，Meteonorm7.1 数据来自地面观测站，数据精确一些。

（3）在 Projection design/Stand alone/Option/Horizon 中可以对光伏阵列周边的地形影响进行设置，从而可以通过"Horizon Line"设置相应的方位角和高度角折线，体现对光伏阵列的影响。

（4）可以通过 Projection design/Stand alone/Option/Near Shadings 选择遮阴的模型，对光伏阵列周边建筑物建模，绘制图形，仿真遮挡光伏阵列的情况。

（5）可以通过 Projection design/Grid-Connected/Option/Module layout 对光伏组件的排布按照实际情况进行设置，如场地大小、组件排布、间隙、填充方式等参数。

（6）Economic eval 中可以对系统的经济性进行评估，默认的货币单位为欧元，可以通过 Currency 选择 China（CNY），也可以通过 Rates 设置汇率。

5.6.4　练习与发挥

（1）如果用电设备以一周为周期间歇工作，如何改进设计？

(2) 如何寻求太阳能组件、蓄电池最优搭配，以实现最佳性价比？

(3) 分析该发电系统的经济性。

5.7　并网光伏发电系统设计

任务：确定某学生家乡屋顶，确定安装地经纬度，分析气象条件、了解地形地物和光伏安装环境，完成并网光伏发电系统电气设计方案，并用 PVsyst 软件仿真。

要求：用功率为 240W 左右的多晶硅组件，预计日发电量 6kW，单相 220V 接入电网，多晶硅组件，用 PVsyst 软件仿真。

5.7.1　关键设计

在 PVsyst 界面中，选择"初步设计"/"工程设计"；选择"并网"。

对于其他主要流程和步骤，并网和离网光伏发电系统基本相同。

(1) 太阳能阵列安装信息。

确定太阳能阵列，采用固定安装方式，优化输出电能为全年输出电能最大，确定阵列的倾斜角、方位角。

(2) 太阳电池板容量设计。

选择 PV 组件制造商，确定 PV 阵列的参数。

(3) 发电系统预置。

预置发电系统目标发电量，也可以按照面积固定来设计系统。

(4) 逆变器设计。

选择逆变器产品、数量、工作参数。

(5) 光伏阵列设计。

PV 组件串并联方式，PV 组件总数量、总面积；当光伏阵列多列排布时，调节阵列位置和间距仿真并比较结果。

(6) 仿真图形和仿真结果。

获得并网光伏发电系统仿真构成图、太阳路径图、仿真报告。

5.7.2　练习与发挥

(1) 如果限制光伏的安装面积为 80m^2，如何设计该光伏并网发电系统？

(2) 了解组件、逆变器等设备价格，了解国家和地区相关的光伏发电政策，分析该发电系统的建设成本和效益。

(3) 如果是租用土地、贷款建设，评估系统的经济性。

5.8　其他光伏设计题目

1) 光伏手电筒

　　光伏手电筒与一般手电筒的外观及结构类似,手电筒外壁通常装有太阳电池,有些也会制作成电池及太阳能两用的手电筒。光伏手电筒的主要组成为太阳电池、蓄电池(常用锂电池)、驱动电路、LED 灯泡。

　　CN3083 芯片可以用于小型移动电源、手持式多功能照明灯、LED 多功能手电筒等领域。图 5-12 是以 CN3083 芯片为核心的光伏手电筒电路图。输入电压 4.4～6V(USB 或者太阳电池输入),后级电路接升压电路或低压差输出(LDO) 电路。如果只有太阳电池电源作为输入,太阳电池输出电流小于 500mA,虚线框中的器件(Q2、R4、D4)可以不用,而 USB 输入时虚线框中的器件可以选用。

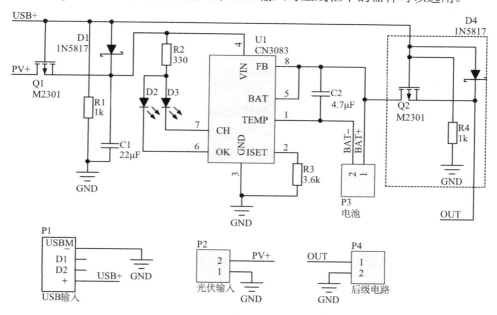

图 5-12　以 CN3083 芯片为核心的光伏手电筒电路图

2) 光伏水泵

　　光伏水泵系统的结构如图 5-13 所示,主要由光伏阵列、逆变器/控制器、水泵电机、水池水箱构成。对于直流电机采用控制器,对于交流异步电机采用逆变器。

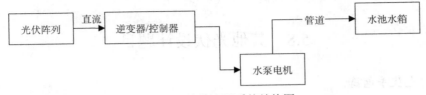

图 5-13　光伏水泵系统结构图

光伏水泵控制器的硬件部分主要由检测采样、直流缓冲、主控电路、辅助电源构成。

光伏水泵逆变器与离网型逆变器设计相同,主要完成水泵负载能量输出变换功能。可以有光伏直驱和 MPPT 变换驱动方式,MPPT 变换驱动具有系统对光伏适应能力较强、调整范围较宽、系统工作时间长等优点,但器件较多系统可靠性受影响。

水泵电机可以用直流永磁无刷电机或交流异步电机。可以直接将控制器和电机做成一体,直接用光伏输入,可以制成输入为 12～36V 直流、110～180V 工频、320～600V 直驱等多种类型的太阳能光伏水泵。如太阳能光伏三相直驱水泵,输入电压 36V,MPPT 电压 18～36V,泵功率范围 100～400W,流量 1.5～4t/h,扬程可达 70m,直接连接光伏就能实现家庭取水或者农业灌溉。

3) 风光互补离网路灯

风光互补系统是一种将光能和风能转化为电能的装置。由于太阳能与风能的互补性强,风光互补发电系统弥补了风能与光能独立系统在资源上的间断不平衡、不稳定。可以根据用户的用电负荷情况和资源条件进行系统容量的合理配置。既可保证风光互补系统供电的可靠性,又可降低发电系统的造价。同时,风光互补系统是一套独立的分散式供电系统,完全不依赖电网独立供电,不受地域限制,既环保又节能,还可作为一道城市的景观。

风光互补照明系统,由灯具(含 LED 光源)、光伏阵列、风力发电机、蓄电池、风光互补发电控制器等部件组成,图 5-14 是风光互补照明系统原理图。

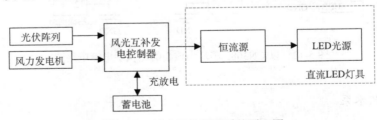

图 5-14　风光互补照明系统原理图

除以上几个应用举例之外,太阳电池作为电源,还可以用于散热风扇、计算器、空调、台灯等,用途非常广泛。

参 考 文 献

陈坚, 康勇, 2010. 电力电子学: 电力电子变流技术和控制技术. 5 版. 北京: 高等教育出版社.

公茂法, 贾斌, 公政, 等, 2011. 基于 TL431 的太阳能 LED 路灯控制器设计. 电子技术应用, 37(6): 65-67.

宏晶科技有限公司, 2011. STC12C5A60S2 系列单片机器件手册.

李冰, 姜波, 汪滨瑜, 2006. BZSS0001 在热释电红外开关上的应用. 应用技术, 33(2): 31-33.

李天福, 钱斌, 潘启勇, 等, 2017. 新能源光伏发电及控制. 北京: 科学出版社.

如韵电子有限公司, 2017. 具有太阳电池最大功率点跟踪功能的 5A 多类型电池充电管理集成电路 CN3722.

王长贵, 王思成, 2009. 太阳能光伏发电实用技术. 北京: 化学工业出版社.

王兆安, 刘进军, 2010. 电力电子技术. 5 版. 北京: 机械工业出版社.

肖海明, 陈立, 章小印, 等, 2015. 智能式 LED 太阳能路灯控制器的设计. 现代电子技术, 38(1): 153-156.

芯龙半导体技术股份有限公司, 2017. XL6019 数据手册.

杨海柱, 金新民, 刘洁, 2006. 500W 光伏逆变器设计. 电子设计工程, (3): 50-52.

屹晶微电子有限公司, 2010. EG8010 SPWM 芯片数据手册.

意法半导体(ST)有限公司, 1999. High Performance Current Mode PWM Controller UC284XA/UC384XA.https://www.st.com/content/st_com/en/products/power-management/ac-dc-converters/pwm-controllers/ uc3842b. html.

张占松, 蔡宣三, 2004. 开关电源的原理与设计. 北京: 电子工业出版社.

赵争鸣, 刘建政, 孙晓瑛, 等, 2005. 太阳能光伏发电及其应用. 北京: 科学出版社.

周志敏, 纪爱华, 2010. 太阳能工程光伏发电系统设计与应用实例. 北京: 电子工业出版社.

National Semiconductor Corporation, 2004. LM2576/LM2576HV Series Simple Switch. Datasheet. https://html. alldatasheet. com/html-pdf/8733/NSC/LM2576/37/1/LM2576. html.

Tektronix, 2006. TDS1000B/2000B 系列数字存储示波器用户手册.

Texas Instrument Corporation, 2011. Designing Switching Voltage Regulators with the TL494. http://www.ti.com.cn/cn/lit/an/slva001e/slva001e.pdf.

Texas Instrument Corporation, 2014. Isolated Multiple Output Flyback Converter Design Using TL494. http://www.ti.com.cn/cn/lit/an/slva666/slva666. pdf.

Texas Instrument Corporation, 2017. TL494 Pulse-Width-Modulation Control Circuits. http://www.ti. com.cn/cn/lit/ds/symlink/tl494. pdf.